きく・しる・つなぐ

四日市公害を語り継ぐ

「四日市公害を忘れないために」
市民塾・土曜講座の記録

四日市再生「公害市民塾」発行
伊藤三男……編

風媒社

工 場 配 置 図

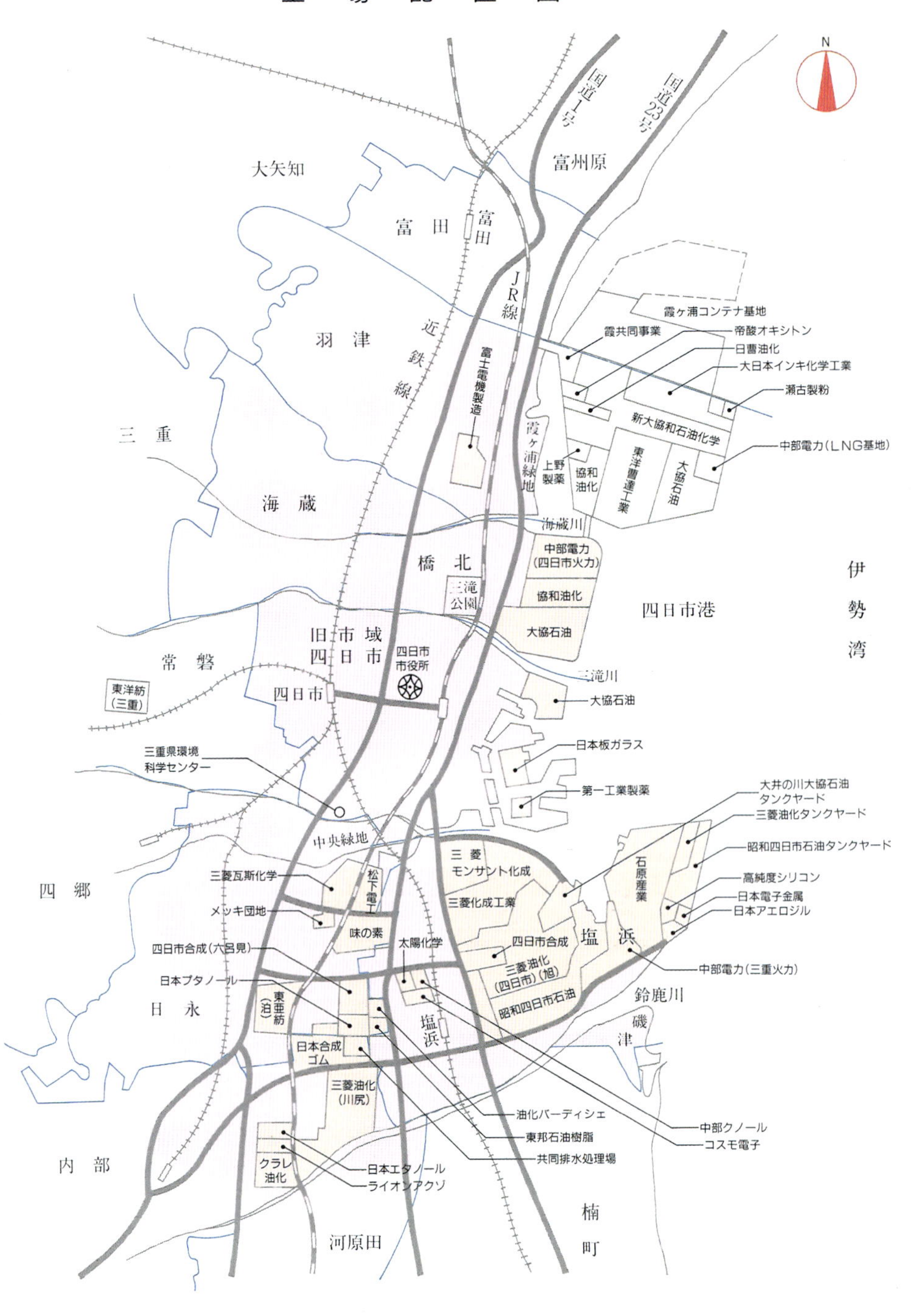

公害健康被害補償法に基づく指定地域
1983年現在

『四日市公害記録写真集』（1992年）より転載

まえがき

国際基督教大学教授　池田理知子

四日市をはじめて訪れたのは、２０１０年8月の暑い日だった。それから少なくとも20回は四日市を訪ねているが、あのときの印象は強烈だった。

この本のもととなっている土曜講座が開かれた場所、本町プラザの4階にある四日市市環境学習センターで開催されていた四日市公害の写真展を見学するのが、あのときの訪問の目的であった。本町プラザの最寄り駅はＪＲ四日市駅。名古屋からＪＲ関西本線に乗って、ちょうどお昼ごろそこに降りたったのだが、そこで私を待ち受けていたのが、コンビナートから漂ってくる化学物質が混じったような独特の「におい」だったのである。それ以来、私にとっての四日市はあの「におい」の記憶とともにある。

「四日市公害を忘れないために――きく、しる、つなぐ」と題して行われた連続10回の土曜講座でも、「におい」の話がたびたび出てきた。公害がひどかった当時は、いかに「におい」がきつかったのかを回想する語り手や、当時と比べればはるかにましになっているはずだが、それでもいまだに漂い続ける「におい」に言及する聞き手や参加者の声がそこにはあった。私が体験したあの「におい」はまだ消えていない。四日市公害はいまだ終わっていないのだ、と改めて実感させられた。

この本は、２０１４年1月18日から約半年かけて、市民団体である四日市再生「公害市民塾」（以下、「市民塾」と略す）が主催した連続10回の土曜講座をまとめたものである。前述のタイトルにあるように、この講座の目的は「きく」「しる」「つなぐ」の三つであった。毎回約2時間かけて行われたこの講座は、前半と後半部分に分かれており、四日市公害が激しかったころを体験している人に、体験していない若手が聞くという対話形式での講話が前半部分で、後半は参加者全員を交えての質疑応答が行われた。さまざまなことを参加者全員が学ぶ場（「きく」「しる」）、語り手と聞き手の平均40歳という年齢差に象徴されるように、四日市公害の記憶をつなぐ実践の場（「つなぐ」）、とそこがなったのであった。

第9回の特別講座を除くと18名（実際には第7回の聞き手が2名だったので計19名）もの語り手と聞き手を集めなければならないという難題に挑んだ「市民塾」は、公害を伝えていくためには四日市は人材不足なのではないかという前評判を覆した。しかも、非常にバラエティーに富んだ人選でもあった。「市民塾」のこれまでの長年にわたる地道な活動があってこその成果である。特に今回は、企画立案の中心人物である伊藤三男氏の手腕によるところが大きかったことも付け加えておく。

語り手と聞き手がどういう人たちで、何について話し合われたのかの詳細はプロフィールと本文に譲るとして、今回の講座の意義と残された課題をここで私なりにまとめてみたい。公害を語り伝えることの意味について、主として水俣と四日市に軸足をおいた研究を行っている私は、今回の一連の講座に計8回出席している。どうしても出席できなかった第2回と第9回（特別講座）に関しては、詳細な資料を市民塾より提供してもらった。

冒頭でも述べたが、「におい」がいまだに漂ってくることからも推測されるように、昔に比べれば圧倒的に少ないものの、コンビナートの工場群からはいまも有害物質が排出されている。つまり、四日市公害が終息したとは言い切れない状況であり、そのことが講座のなかでも少なからず指摘されたことは重要である。なかでも第6回の語り手であった元コンビナート企業社員の山本勝治氏が、3、4年ごとに起こるコンビナートでの事故に言及し、四日市が公害を克服したとはとてもいえないと強い口調で、繰り返し語っていたのが印象的である。第3回の語り手であった四日市市塩浜地区連合自治会長の佐藤誠也氏が、災害への不安と隣り合わせの生活を強いられている住民の様子について述べたが、それが四日市のコンビナート近隣の状況であることを改めて思い知らされた。

第10回の語り手であった「四日市公害と戦う市民兵の会」(以下、「市民兵の会」と略す)の発起人の一人であった吉村功氏が、環境対策のための法規制をする国と利益を追求する企業とのいたちごっこを「賽の河原の石積み」と表現していた話も忘れられない。企業が守らなければならない環境基準の法規制が昔に比べてはるかに厳しくはなったが、その網の目を潜り抜けようとする企業が必ずでてくるのだと彼は言っていた。公害は繰り返される。四日市公害裁判の被告企業6社の一つである石原産業がフェロシルト不法投棄問題を後に起こしたことからもわかるように、油断すると私たちの健康や暮らしを脅かす「公害」が再び起こりかねないのである。

四日市公害というと、1972年に判決が出された裁判に焦点が当てられることが多い。しかし、その裁判を陰で支えてきた支援者の動きが詳しく語られる機会は限られている。そうした現実があるなかで、支援者が実際にどういう働きをしたのかが肌で感じられるような話が、今回の講座では頻繁に出てきた。前述の吉村氏と第7回の語り手であった「市民塾」の澤井余志郎氏からは、黒子に徹することを信条としてきた「市民兵の会」の活動のことが詳しく語られた。四日市公害裁判を支えてきた労組の組合員たちの多くは、動員によって招集された人がほとんどで、裁判を盛り上げるために傍聴券を求めに裁判に駆け付けることはあっても傍聴までする人は少なく、最後まで傍聴したのは吉村氏が声をかけて連れてきた名古屋大学をはじめとした学生たちだったそうだ。彼女/彼らの働きが、後の「市民兵の会」へとつながっていった。

澤井氏と第2回の語り手で四日市公害訴訟を支持する会事務局長であった岸田和矢氏からは、他の公害裁判と比較して四日市では支援や支持の動きが鈍かったことが指摘されている。詳細は本文に譲るとして、そうしたなかで本来何をすべきかを考え、支援者としての立場でそれを実践したのが澤井氏と岸田氏、山本氏であった。また、弁護士の立場でそれを行ったのが、第1回の語り手で四日市訴訟弁護団事務局長であった野呂汎氏であった。大気汚染に関する判例が何もない状況のなかでの闘いであり、大弁護団をまとめなければならないという困難のなかで、彼が何をしてきたのかが語られたのだった。

今回の一連の講座のなかで特に印象的だったのは、それぞれの語り手と聞き手が四日市の公害問題を自分のこととして考えている様子が言葉の端々から伺えたことだ。第8回の語り手で、被告企業の一つである三菱化成に勤務していた今村勝昭氏の謝罪の言葉からはじまった話は、そうした意味では象徴的であった。また、聞き手の語り手に対する質問やコメントにも、それぞれがこの問題を自分に引き寄せて考えていることがにじみ出ていた。たとえば、第2回の聞き手である田中敏貴氏の発言にもあり、かつ本文に掲載されている感想でも繰り返されているのだが、岸田氏が裁判の支援活動を行っていたのがちょうど自分の今の年齢ぐらいだったことに気づいたとたんに、年表に記載されている事実がそれ以上の意味をもつようになったということである。

第4回の四日市公害で9歳の娘を亡くした谷田輝子氏の話を聞きながら、私も田中氏と同じような体験をした。彼女の娘さんが生きていたら私と同年代だったはずで、そのことに思い至ったとたんに、より身近なこととして四日市公害が私に迫ってきたのだった。当時のことを直接体験しているかどうかではなく、それらの問題を自分のこととして捉えられるかどうかがそこで問われているのであり、自分の問題として考えられるのであれば誰しもが「当事者」として語ることができるはずである。連続講座のテーマの一つである「つなぐ」は、「当事者」としての自覚を促すという意味をもっていたのではないだろうか。

最後に今回の講座から見えてきた課題について述べたい。今回の講座は、語り手が一方的に話したいことを話すのではなく、聞き手が知りたいことを語り手から引き出すために、あえて対話形式というスタイルをとったのではないかと思われる。狙いどおりのやり取りがなされていた回もあったし、予定どおりには進まなかったのではないかと思われる回もあった。しかし、それははじめからすべてがうまくいくことの方がまれなのであり、たいした問題ではない。問題は、聞き手の存在感が薄い印象を与えるような状況が生み出されたことにある。その印象作りにおおいに寄与したのが、マスコミ報道である。連続講座を通して延べ13の記事が新聞紙面を飾ったが、聞き手のことに言及した記事は一つもなかった。ただし、これを単にマスコミの問題として切り捨てるのは早計である。野呂氏の「マスコミは世論を反映する」という発言の意味を考えてみる必要がある。聞き手に対する質問が会場からほとんどなかったこともその一例だろう。

今後、聞き手と同じ世代が四日市公害を語っていく日がそう遠くない未来にやってくる。誰が、何を、どういった形で語り継いでいくのかという根源的な課題が、今回の講座をとおして明らかになったように思える。

2015年3月には、四日市にようやく公害に関する資料館ができる。四大公害病のなかではもっとも遅い開館となる。その資料館の具体的な中身は今の時点ではまだ明らかにされていないが、四日市公害が終わったことをPRするだけのものにはしてはならない。第5回の語り手であり、原告患者の一人であった野田之一氏が諌めた「人間のおごり」を象徴するようなものであってはならない。

2014年9月末

きく・しる・つなぐ　**四日市公害を語り継ぐ◉目次**

きく・しる・つなぐ　四日市公害を語り継ぐ

あいさつ

山本勝治（四日市再生「公害市民塾」代表）

公害市民塾の山本です。今回の講座は「四日市公害を忘れないために」ということをテーマに、今日を皮切りに7月19日まで10回を予定しています。当時の公害を経験した人たちはもう年齢的に70代80代になります。こういうまとまったかたちでお話を聞けるのはもうこれが最後になろうかと思います。その意味では皆さんの積極的な参加をありがたく思っています。市民塾のほうではそれ以外にも学校での「語り部」活動とか、四日市を訪れる人たちへのフィールドワークとか案内という説明をする活動を日常的に行っています。

四日市市が公害資料館（「四日市公害と環境未来館」）を２０１５年の3月に開館するという動きがあります。それに向けて会館の内外で活動される講師の養成講座が始まるようです。一方、四日市には先日（1月）9日に三菱マテリアルで大災害が起きまして17名の死傷者が出るというような状況もあります。四日市で生活していく以上コンビナートとの共存関係も考えていかなければなりません。という意味では当時を体験された方たちからお話を聞けるというのは非常に貴重だし重要だと思います。これを生かしていっていただきたいと思っています。さらに今回は、伝えていってもらいたい、後世の人たちに伝えていく、そういう人たちになってもらいたい、ということを主眼において企画しました。その意味を汲んでいただいて今後ともよろしくお願いします。

「四日市公害を忘れないために」

ーきく・しる・つなぐー 市民塾・土曜講座

四日市公害裁判判決42周年／「四日市公害と環境未来館」に向けて

主催：四日市再生「公害市民塾」

後援：四日市市・四日市市教育委員会

① 1月18日
② 2月15日
③ 3月08日
④ 3月22日
⑤ 4月12日
⑥ 4月26日
⑦ 5月17日
⑧ 5月31日
⑨ 6月21日
⑩ 7月19日

10回の連続講座ですが どなたでも、1回だけでも 自由にご参加下さい。

- 午後1時30分開始（開場1時）
- 会場は四日市市本町プラザ内
- 入場無料（ただし協力金カンパ ー任意ーお願いします）
- 参加者には「受講票」を発行します。
- 当日受付ですが、事前予約いただいた方には記念品を進呈します。

今回の「土曜講座」は講演会ではなく、四日市公害に関連して経験を積んで来られた方（「語り手」）をお招きして、若手（「聞き手」）が「一対一」で質問をしながらお話を伺うというスタイルです。従って、毎回、双方ともメンバーは入れ替わります。貴重な機会ですので是非ご参加下さい。四日市市立「（仮）四日市公害と環境未来館」開設に向けて、参加者の皆さん方と共に学びながら、四日市公害を忘れないための講座となります。

◎6回以上の受講者には「受講証書」を発行します。

お問い合わせ・「受講票」の事前予約
などは下記にお願いします。 〔会場マップ→〕

電話（携）090 3151 8971（伊藤）
Email mits-i03@xj.commufa.jp
〒513ー0801 鈴鹿市神戸5-14-13 （伊藤三男）

四日市再生「公害市民塾」HP
http://yokkaichi-kougai.www2.jp/ 最新情報掲載します。

駐車場（p1・p2）ご利用の場合、3月までは無料駐車券あり

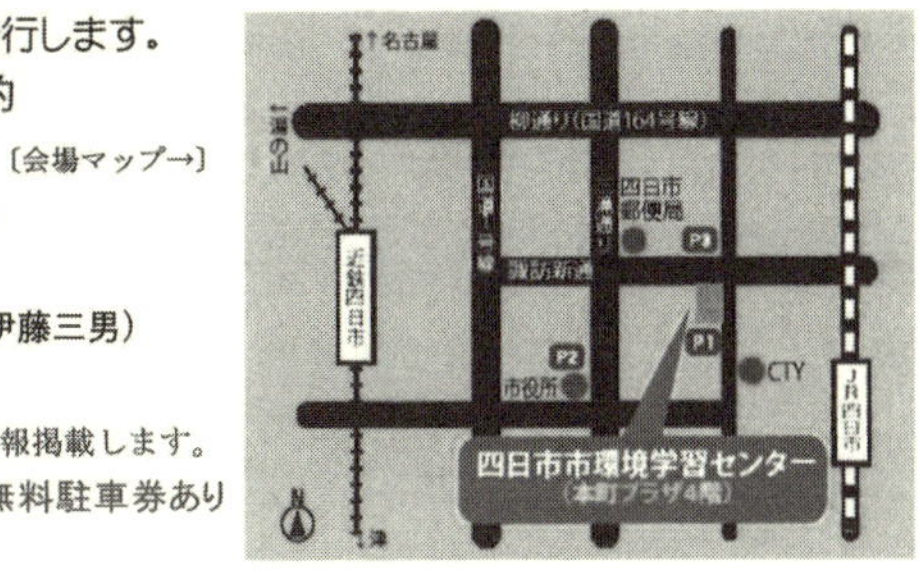

「四日市公害を忘れないために」市民塾・土曜講座

２０１４年１月～７月　（敬称は略させていただきます）

回	時＼人	語り手	聞き手	室
1	1月18日（第３土曜）	野呂　汎（四日市公害訴訟弁護団事務局長）	阪倉　芳一　（四日市市立常磐西小学校教員・市民塾）	A
2	2月15日（第３土曜）	岸田　和矢　（四日市公害訴訟を支持する会事務局長）	田中　敏貴　（四日市市立下野小学校教員・市民塾）	A
3	3月08日（第２土曜）	佐藤　誠也　（四日市市塩浜地区連合自治会長）	濱口　くみ（シー・ティー・ワイ）	B
4	3月22日（第４土曜）	谷田　輝子　（四日市公害患者と家族の会代表）	谷崎　仁美（四日市市環境学習センター）	A
5	4月12日（第２土曜）	野田　之一　（公害認定患者・四日市公害訴訟原告）	神長　唯　（四日市大学環境情報学部准教授）	
6	4月26日（第４土曜）	山本勝治（「市民塾」語り部・元コンビナート勤務）	武山　浩司　（会社員・四日市公害解説ボランティア）	
7	5月17日（第３土曜）	澤井余志郎　（「市民塾」語り部・四日市公害を記録する会）	片岡　千佳（津市小学校教員） 藤本　洋美（　〃　）	
8	5月31日（第５土曜）	今村　勝昭　（塩浜在住・元三菱化成ー化学勤務）	深井小百合　（三重テレビ）	
9	6月21日（第３土曜）	特別講座（「四日市公害と環境未来館」関連）	協力スタッフ 瀬古朋可（シー・ティー・ワイ）	
10	7月19日（第３土曜）	吉村　功　（四日市公害と戦う市民兵の会発起人・元大学教員）	榊枝　正史　（「なたね通信」・東産業勤務）	

1，本講座は「聞き手」からの問いかけに「語り手」が答えていただく形式です。

2，その後会場参加者も含め質疑・意見交換の場としますので積極的にご参加下さい。

3，各回終了後「受講票」にスタンプをしますのでお忘れなくお願いします。

4，6回以上受講していただいた方には「受講証書」と記念品を差し上げます。

5，総ての講座内容はビデオ録画をし、後日DVD版および文字版冊子として発行します。

6，会場はいずれも「本町プラザ」ですが、上記一覧の〔室〕で「A」は4階「四日市環境学習センター」・「B」は5階または6階の研修室となります。JR四日市駅から徒歩5分です。

第1回（1月18日）

四日市公害訴訟の意義を考える

語り手◉野呂　汎（四日市公害訴訟弁護団事務局長）
聞き手◉阪倉芳一（四日市市立常磐西小学校教諭・公害市民塾）

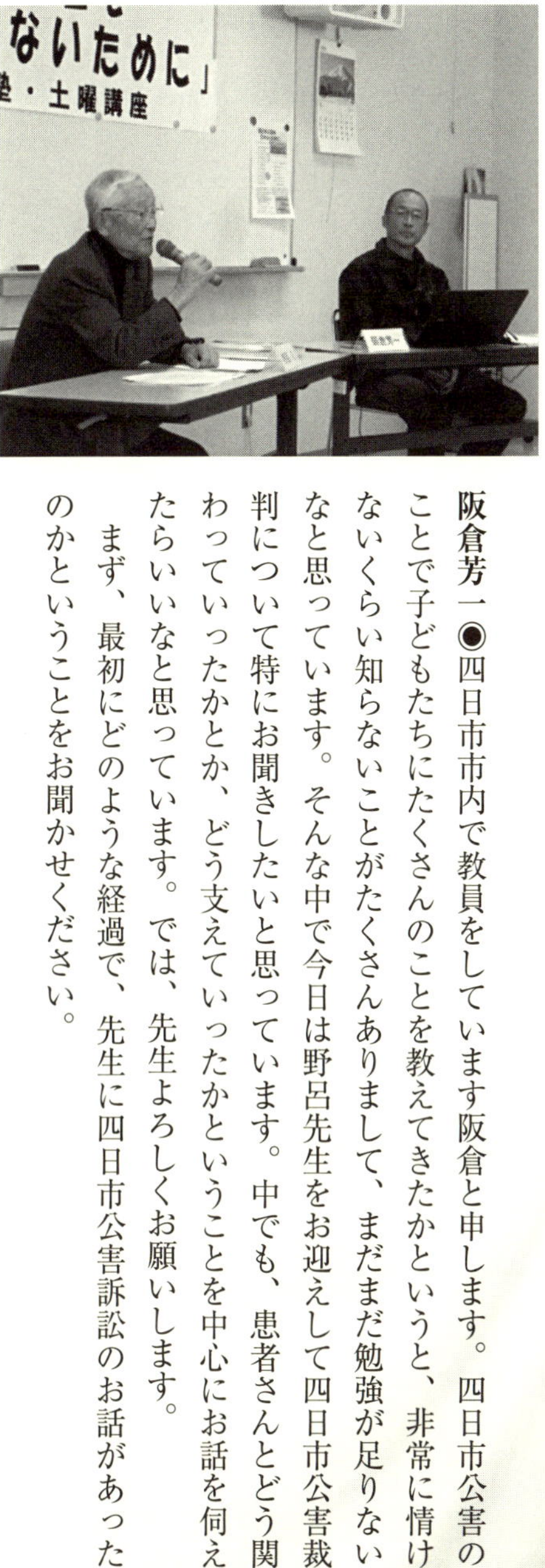

阪倉芳一◉四日市市内で教員をしています阪倉と申します。四日市公害のことで子どもたちにたくさんのことを教えてきたかというと、非常に情けないくらい知らないことがたくさんありまして、まだまだ勉強が足りないなと思っています。そんな中で今日は野呂先生をお迎えして四日市公害裁判について特にお聞きしたいと思っています。中でも、患者さんとどう関わっていったかとか、どう支えていったかということを中心にお話を伺えたらいいなと思っています。では、先生よろしくお願いします。

まず、最初にどのような経過で、先生に四日市公害訴訟のお話があったのかということをお聞かせください。

9人の原告ではじまった「四日市公害訴訟」

野呂　汎◉そうですね。私がこの裁判に関わり出したのは訴訟提起の2年くらい前ですから、（昭和）35年くらいです。私の田舎が鈴鹿郡の亀山町（当時）というところにあり、東海道筋で四日市に近く土地勘がよいということもありました関係で、四日市公害の実状というものはかなり前から見聞きしていたのですが、当時にある市会議員の方から「これだけ頑張ってきてもまだ患者がどんどん出てくる、亡くなっていく、自殺もある。それに対して第1コンビナートの企業は全く責任をとってくれない。やはり訴訟しかないので、どんなもんだろうか」という下相談がありました。当時、私どもは名古屋弁護士会に所属していたのですが、その中で約100名が「東海労働弁護団」を作っていました。私も団員の一人でありましたので、こういう要請があるけれども「東海労働弁護団」として引き受けないかと話して、2年間くらいで訴訟の準備をして1967年の9月の提訴に至った、これが簡単な経過です。

阪倉◉今のお話ですと、原告さん本人から直接お話があったのではなくて、ずいぶんとひどい状況が四日市にあるから何とかならないかという相談があってからということなんですね。その四日市公害裁判の原告が9人なのですが、どうしてその9人だったかということをお聞かせください。

野呂◉その前に私どもが準備していた訴訟の意味や目的のようなもの、使命といったようなものが一番重大だったわけです。つまりそれまで患者さんは四日市市の単独の補償給付は受けていたんですが、ご自分の体を痛めたりあるいは命を失ったりという被害については全く考慮されていなかった。そういう中で裁判を起こすからには、どうしてもこれは勝たなくてはいけない。負ける訴訟だったら逆に被害の救済が遅れるだろうと、当時のそういう考え方がありましたから、勝つためにはどうすればいいのか、というのが準備の段階での非常に大きな課題だったわけです。

また訴訟にはいろいろなタイプがあります。損害賠償というのは金銭的な請求をするわけですから、やはりそれは責任を認めさせなければならない。認めさせるには被害と大気汚染（ばい煙排煙排出行為）とに因果関係がなければならない。ところが、このいわゆる「四日市ぜん息」というのは誰でもかかる病気なんです。ちょっと身体の弱いお子さんだと小さい時にすぐぜん息になる。従って大気汚染があるから起こる、大気汚染がないから起こらないというようなものではないので、その中から呼吸器疾患の患者さんの被害を、特定の企業から出る煙の責任にするというようなかたちは、ふつう裁判では立証が難しい。そういうところから因果関係をまず固めるというあたりの作業に入ります。

その時既に25人くらいの公害病認定患者さんが四日市の塩浜病院に入院してみえました。皆さんご存じだと思いますが、その後訴訟を起こします第1コンビナートはその病院の北側に当たります。四日市は冬の風向きが鈴鹿山脈から吹きますから、南東の方に向けて吹くわけです。ちょうど風下になるその先に磯津という患者のお住まいの地区があります。そうすると、排煙を伴った空気の流れが風下に向かうということがあって地勢的に因果関係があるということが気象学的研究からわかりました。

提訴した9人の原告

次に、被害ですが、県立三重大学医学部の公衆衛生学教室の先生方が、長年、磯津の患者さんを中心に発症の原因について、医学的な研究を積み重ねておられました。それで、膨大な資料が公衆衛生学教室にありました。そこで吉田（克己）先生を中心にしてデータの分析をお願いしましたところ、たしかに疫学的に因果関係があることがわかったということですね。

それで、因果関係が明確であり、主風向が風下に向いてくるという気象的な関係からいっても、やはり磯津の皆さんが立証しやすい。当時、四日市市内には橋北とかいろいろの地区に認定患者はいらっしゃったんですが、因果関係を早く明らかにするためには、まず磯津の皆さん、しかもそういうデータのある入院患者のかなり重いクラスの皆さんということになりますと、塩浜病院に入院中の磯津の患者さん。しかも男性だけではなく女性も入れようということから必然的に絞り込みが出てくるわけです。その結果、全員そうなんですけれども、原告の皆さんがそのような要件にあてはまる方々だったものですから、おのずと原告の数が決まったというわけです。

はじめての「大気汚染公害訴訟」

阪倉◉勝つための戦略ということで9人の人たちが選ばれたということですね。そして、弁護団として40数名いらっしゃったということで、当時は「手弁当」でこの仕事をお引き受けになったということのようですが、その「手弁当」だったという理由は何だったのでしょうか。

野呂◉まあ、不思議でも何でもないんです。当時の労働弁護団ですから、首を切られた労働者とか差別を受けた方とかからの依頼が多いので、あまり最初から弁護士報酬がいくらとかいうようなことはありません。私どもは弁護士として出発した時からそういうグループですから、おカネがないからやらないというわけじゃないので、まあ、やりましょうということです。

ただ、私ども「手弁当」といいながらも、こういう訴訟ですとね、原告の数も多いし被告の数も多い、さらに関係団体、支援団体の皆さんも多いので資料作りとか打ち合わせの会場費等というのにかなりおカネがかかります。裁判を維持・遂行するためにはいろいろ費用がかかる、それをどうしようかという問題は訴訟の場合にあるんです。四日市の場合もそうですが、幸い労働組合の皆さん、たとえば先生方の県教組だとか市役所の職員組合の方とか、三重県の中でも優秀な力のある組合の皆さんが早くから、公害訴訟についての支持を表明されておりましたから、これは非常に助かりました。そういうこともあって裁判費用という意味では全くゼロではなかったということです。

阪倉◉そうやって使命感に燃えられていたということで、原告の方々にとって非常にありがたかったんだろうと思います。そんな中で、僕はある資料で読んだのですが、たしか裁判の始まる前の記者会見で「憲法25条は亜硫酸ガスの中で死んでいる」という言葉を見かけたことがあって、強烈なメッセージだなと思いました。この言葉がどういうふうにして生まれたのか、どういうふうな思いで記者会見をしていたのかということをお聞かせ願えたらと思うんですが。

野呂◉弁護団の誰かが言ったと思うんですが、「(亜硫酸ガスの中で)憲法が死んでいる」ということですね。皆さん方ご理解いただいたと思うんですけど、裁判は人権の最後の砦ですから、そこで生命とか身体とか憲法が保証している25条の「生存権」を実現していこうとすることが私どもの、四日市公害訴訟だけではなくて、信念だという意味ではその通りだと思います。

阪倉◉原告の方が大企業相手に勝てるわけがないじゃないかと言われて、家族の方からも厳しい言葉を言われたりとか、周りからも冷たい目で見られたりしたことがあったそうです。弁護団としては勝つつもりでやってらっしゃったと思いますが、相手の被告側の弁護団の戦略とかあると思いますので、そのあたりちょっと困ったこととか、どうやっていこうかとか、そのあたりはどう考えてみえたのでしょうか。

野呂◉私ども出発した頃はですね、進行中の大気汚染の加害者に、被害者の救済に向けた責任をとらせる裁判というのはそれまで誰もやったことがないんです。判例も何もないんですよ、人体被害については。モノの被害については有名な裁判がそれまでにもあったんですが、人の身体・健康・命というものを対象にして損害賠償を求めるのはこの四日市公害訴訟が初めてなんです。「公害事件」としてはね。ですから「怖いもの知らず」ということでしょうか、とにかく「やるべきことは全部やろう」と。いろんなお医者さんや経済学者の宮本（憲一）先生を訪ねたりして弁護団としては様々なことをまず吸収しよう、その上でやれるということであればともかくやろうと。いろんな問題が出てもその時に考えていこうという出発でした。実際に、訴訟を起こした時最初の請求は慰謝料だけだったんです。一人200万円というこじんまりした裁判だったんです。それが進めていくうちに、これではやっぱり救済にはほど遠い、人々が労働力を失われているわけですから、そういう生涯の「得べかりし利益」も入れようということで損害賠償にまで拡張していきました。

そのうちに徐々に共鳴をされた方からいろんな援助が出てきました。これも、そういう意味では世論の勝利だと思います。そういうものを追い風にして進むうちに、前人未踏の分野ではあるけれども、かすかに光が見えてきた。だからその光を消さないように努力したというのが四日市の、あるいは他の公害訴訟の弁護士みんなが体験したことがらだと思っています。

阪倉◉そのようにして訴訟が進んでいきますが、50数回の裁判の中で原告の方自身が「自分たちがこんなに苦しい思いをしているんだ」ということを、直接訴える機会は少なかったと思います。「なぜ一日中ここに座っていなきゃあかんのか、家に来て窓を開けたら亜硫酸ガスが入ってくるのがすぐわかるじゃないか」と言って、帰ってしまった原告さんもいらっしゃったと聞いています。そういう裁判を進めていく中で5年近くかかっていますから原告の方との難しいやりとり、原告さんの焦りというのはあったのではないでしょうか。

野呂◉たしかに、最初はありました。磯津というところは漁師さんも多いんですけれども、その子どもさんたちはコンビナートへ就職されているわけです。三菱の「スリーダイヤ」の町だと言われているように企業城下町ですから、どこかで、被告の企業と関係するんですよ。そうなるとご本人は、自分も病気だし頑張ろうという気はあっても、家に帰れば企業に勤めている家族の方もいて、居心地の悪い家族の反発もたしかにありました。そんな中で原告みんなが一緒の裁判をしていますと、原告も自分のためだけにやってるんじゃないという気持が、共通の認識として出てくるわけです。「カネを目当てにやっているのではない」とか、原告自身も裁判することによって気持が変わってくる。意識が変わってくる。こういう変化は一つの訴訟、特に公害とか環境訴訟の中ではよく見られる傾向ですので、裁判の途中で「もうくたびれた」とか「こんなことやったって病気が悪くなるだけだ」という悲観的な訴えなどを弁護団にぶつけられたというケースを、私は聞いておりません。

ただ、私たちは注意していましたので、ふつうは打ち合わせ以外には依頼者の病院には行かないんですけれども、空気清浄室は大気汚染物質を排除してる病院ですから、そこに「涼みがてら」っていうのも変ですが、患者さんを力づける、一人ひとり患者さんとのコミュニケーションをとるということなど、やはり気を遣うことはありました。

阪倉◉5年間の裁判の中で残念ながらお二人の原告の方が亡くなっています。瀬尾宮子さんなんか判決まであと一年もなかったと思うのですが、亡くなってしまったことについては弁護団の皆さんは、一体どんなふうに考えておられたのでしょうか。

野呂◉先ほども言いましたように原告が男性ばかりに片寄るということで、瀬尾さんと石田かつさんのお二人に参加してもらったんです。特に瀬尾さんは若くて子どもさんもありますけれども、本当におとなしい方で、あまり大きな声でしゃべることはなかったんですが、ああいう状態で亡くなられてよほどの悔しさはあったと思っております。

阪倉◉その後、瀬尾さんの夫である清二さんと、娘さんの喜代子さん、篤哉さん、日登美さんが原告の継承者として跡を継いでいきますが、継承させるということは何かお考えがあったんでしょうか。

野呂◉それは訴訟手続き上、そうなるわけです。ご本人が亡くなられると、被告企業に対する損害賠償債権を相続することになります。これは相続分といって相続人に頭割りをすると法律で決まっているわけです。ですから、亡くなればその相続権を引き継いで裁判を続けるというのは珍しいことじゃありません。だから「どうですか、参加しますか」という説得ではなくて、ただお母さんの跡を継いで裁判しますかということで、もちろんこの場合未成年ですから、お父さんが親権者ということで、一緒に裁判を引き継いで最後までやっていただきました。

阪倉◉喜代子さんは最後の原告陳述の時に思いを述べていると思いますが、あれも戦略的というか本人のほうからやりたいという思いがあったのか、家族のほうから是非あの場でお話をしたいということだったのか、あるいは弁護団から勧めたのか、どうだったのでしょうか。

野呂◉一般的には全部陳述しなくてもいいわけですから無理はしませんし、家族どうしで決められたんじゃないでしょうか、あの時は。

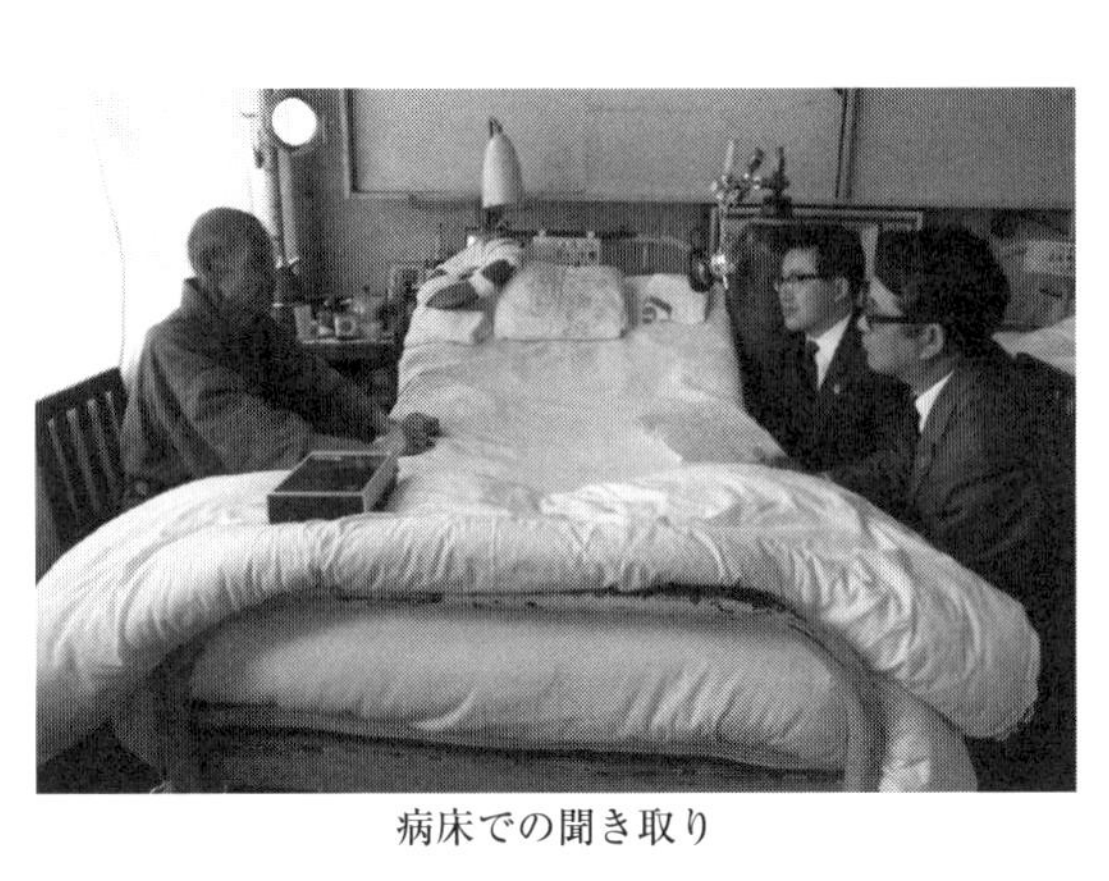

病床での聞き取り

阪倉◉結審の時に藤田一雄さんは塩浜病院に入院されていたので、自分は訴えることができないからと病院でカセットテープに録音をされたということですが、そのテープが残っております。これは澤井さんに残していただいたもので、実際に法廷で流されたということですね。藤田さんは体調が悪くてなかなか裁判に参加できなかったのですが、先生のほうから「録音テープで」というようなことをおっしゃったのでしょうか。

野呂◉そうですね。あの録音をした時も冬の寒い時だったですかね、たしか。あそこ（塩浜病院）は昭和四日市石油が窓から見えるんですよ。テープの声が苦しそうなのは酸素吸入器を使って発作のおこってる時に、藤田さんの健康状態があまりよくない時に録音したものですから、聞き取りにくいんです。本当に切々と裁判長に対して「ひどいことをした被告企業を裁いて欲しい」という、痛烈な思いですね。わずかな言葉ですけれども、やはり私たちも感激しました。いまだに覚えております。

そういう録音を法廷で聞いてもらうということもあまりないケースです。ですから裁判官のほうも、四日市公害訴訟を担当して自分なりの心証を、患者さんに有利に導こうとした一つの表れではないのかなと思っています。

「四大公害訴訟時代」の勢い

阪倉◉風は弁護団・原告のほうに吹いてきたというような印象が強くなっていったと思いますが、裁判のどの段階で「これはいけそうだ」という確信が持てたというか、転換点のようなところはあったのですか。

野呂◉そうですね、四大公害訴訟の影響でしょうね。ご存じのように四大公害訴訟というのは有機水銀による水俣病、これが熊本と新潟で起こって、新潟が先に訴訟を起こしてその次に四日市の大気汚染があって、それから今度は重金属カドミウムで富山のイタイイタイ病が起こる。これが本当に一年くらいでダッダッダッと来て熊本の水俣病もその後に裁判が起こるわけですね。こういった四つの公害訴訟が、時を同じくして起こります。当時の「四大公害訴訟時代」と今では歴史的に区分されていますが、そういう中で被害者救済という動きが出る、そういう裁判なんです。ですからそういう影響もあったわけです。

阪倉◉そんな中で7月24日を迎えて勝訴をしました。その時の原告の皆さんは勿論とても嬉しかったと思うのですが、弁護団の方々のその時の率直な思いをお聞かせください。

野呂◉たしかに、うれしかったのですが、事務局長をやってますと、結果が出ないといけないんです。だから、判決の後すぐ強制執行というかたちで各企業の工場に行くのですが、それをどの会社で払ってくれるの

二次訴訟原告団結成

かわからない。ですから、複数の企業の門前へ行って中へ入ります。会社が払ったところで本部に「取れましたよ」と電話が入ります。そこでやっと公害訴訟の一つの結論ですよ。おカネを取ったから終わりということではないのですが、目的である損害賠償の成果をあげたという一報を待っている立場ですと、最後まできちっと成果が得られたということを聞いてほっとしましたね。「よかった」というよりも、彼らは資力がある被告企業ですから、カネが払えないとかの問題ではなくて、「ああやっぱり一つの責任を取らせたな」「よかったな」と、安堵の気持ちというのが強かった印象です。

阪倉◉澤井さんが撮影した写真の中に、野呂弁護士が磯津公民館へ勝訴報告をしに行ったというのがあるのですが、それが7月24日の勝訴のその日だったわけです。とてもお忙しい中で、その時間をやりくりしてその場に行かれた。その時は原告だけじゃなくたくさんの磯津の方も集まってきたと思いますが、その時の磯津の皆さんのようすとか、先生が感じられたことをお聞かせください。

野呂◉実はですね、本来の四日市公害訴訟の途中から大人の原告とは別に、小児ぜん息というのがその頃磯津にも流行し始めていたんです。ですから小さいお子さんとその母親、女性、そういう人たちの中から新しく訴訟を起こしてくれという依頼がきています。弁護団も、当然それはやらなければいけないなということになります。本来の裁判を「一次訴訟」と名付けると、それとは別に新しい弁護士に担当を頼んで弁護団構成を変えて「二次訴訟」の準備を始めるわけです。一次訴訟が勝訴でしたがそれがまた控訴されるかも知れないという気持は当然ありました。それで、すぐに二次訴訟の子どもさんを中心とするお母さんたちの訴訟を準備して、手分けしてヒアリングに入ります。これが結審の年（1972年）の2月から判決の7月までの間、その間は何もやることがないわけです。2月に結審して、判決が出るのを待つだけですから。
一次の裁判に投入した弁護団もそれに参加しました。磯津の皆さんには、まだ続くという気持ちがあったんですね。判決のあった段階では。今度は私たちだという、そういう熱気ですね、あの日の磯津公民館の熱気はね。お父さんたちは勝ったんだ、だから「今度は私たちだ」という、四日市の一連の流れの中で特筆すべき出来事です。あまりその点はどこでも触れられていないんですが、時間がありましたら触れてみたいと思います。そういうことで、判決が出てそれで裁判が終わったわけではないということです。

阪倉◉ではその二次訴訟というのは、損害賠償というかたちで訴えたかったのか、それとも「青空を取り戻したい」という思いで熱気に包まれていたのかどちらなんでしょうか。

野呂◉その点ですね。一次訴訟に関係するのですが、四日市でも、自治体の責任とか誘致の責任というものも判決には書かれていますので、「差し止め」というかたちで裁判を起こす可能性もなくはなかった。けれども、先ほど言いましたようにまず勝たなければいけない、責任をはっきりさせなければならないということから、まず損害賠償というのがメインでした。ですから二次訴訟の裁判もやはり損害賠償というかたちで構成しております。四日市の場合には「差し止め」という考えは出てきていません。

四日市の教訓と課題

阪倉◉当時、野呂先生は30歳代半ばだったと思いますが、お若い時期の裁判ということでかなりプレッシャーもあったかと思いますし、弁護団事務局長という立場でみんなをとりまとめていくことのご苦労もあったと思いますが、その点はいかがですか。

野呂◉訴訟というのは法廷だけで勝てるものではありません。法廷では私ども弁護団が中心としてやりますがそれを支えているのは、労働組合あるいはその当時「四日市公害訴訟を支持する会」という一般市民も入っていただいた支援団体でした。さらに四日市をはじめとした四大公害訴訟の全国的な被害者を支える団体も力を持ってきていました。そういう意味で、やはりとりまとめて一つの頂点を目指していくという、サッカーのチームでいえばマネージャーのようなものが要るんです。そういう役割を私が引き受けていたのは、裁判の相談を受けてこちらからみんなを誘い入れたとの責任があったからなんです。また、当時マスコミには、完全に被害者側に立っていろいろキャンペーンをしていただいたし、記者さんの中には自分たちだけで本を書いて出すとか、一人ひとりが自分の職を超えて知恵を出し合っていたり、気を配ってくれていたことがあって印象に残っています。

阪倉◉四日市公害裁判はとても大きなものだったと思いますが、残念ながらこの四日市では勝訴判決の誇りのようなものがなかなか前面に押し出されていない。「負のイメージ」を払拭することばかりに気をとられているように思います。自分自身、子供の頃もサッカーをしていまして、どこか遠いところに遠征に行くと、「あの四日市ぜん息の」などと言われました。最近もやはりあるお子さんが県外の大会に行かれた際、「四日市ぜん息のあそこから来たのか」というようなことを言われて、子供たちがその続きをなかなか言えないという現状があります。もっと四日市公害裁判が得た成果を、自分は教員という立場ですが是非伝えていきたいと思っています。

　裁判で勝ったとか亜硫酸ガスがどれだけ減ったとかという話はたくさん聞くのですが、原告の方の思いとか、弁護団の使命感であるといったことに目が向いていないのが、こういう結果になっているのかなと思って反省しました。たしかに、現在の四日市において亜硫酸ガスは減っているわけですが、先生の目からご覧になって今の四日市にはどういう課題があるとお考えでしょうか。

野呂◉四日市の課題といいますとね、来春「公害資料館」ができるということですから、四日市市の姿勢も以前と比べて大きく転換されておりますので、今後に期待するという思いはあります。ただもう少し大きくみると四日市の裁判あるいは四日市の公害がいったい何を残したんだろうなという思いがずっとあるんです。私たち34、5歳の時に四日市公害訴訟を経験して、それが縁で新幹線公害訴訟とか、名古屋市の青空を取り戻す大気汚染訴訟などいくつかの公害訴訟、環境訴訟などに足を突っ込んだまま今日まで来ています。私にとってはこの四日市が一つの生き方を決めた、という意味では非常に教訓的な裁判だったんです。しかし残念ながら社会情勢は今度の3・11の震災などをみても、四日市の教訓というものが少しも生かされていない。

公害と震災あるいは原子力発電の放射能被害とでは少し被害の種類は違いますが、やはり誰かに責任があるんです。その責任は因果関係を考えてみれば、裁判しなくても誰が発生源だというのはわかるケースが多いですね。因果関係もわかって原因の関係もわかっておきながら、誰も責任をとろうとしない。これは四日市の教訓からいえばとんでもないことなんです。そこの被害を放っておいてまた新しい被害の種を作っていくという悪循環を、このあたりでやめてほしいという思いはあります。

弁護士の立場としましては、私どもの公害訴訟・環境訴訟の主な訴訟データを一冊の本にまとめていまして、中国語に翻訳をして中国にも送っています。中国のＰＭ２・５という大気汚染とか、東京で被害を経験した公害訴訟の中身を世界の教訓として本を送りましたので、こういう訴訟に従事した弁護士の使命の一端が果たせたのかなと思っています。

阪倉◉では最後になりますが、「公害資料館」に期待するもの、というのをお聞かせ願えたらと思います。その資料館内には、裁判に関する展示などもされると思うのですが、そこになくてならないもの、あって欲しいものとしてどんなものがいいと思われますか。

野呂◉四日市で裁判を起こして四日市で勝ったんですから、裁判の資料はやはり四日市に残して欲しいと願っています。弁護団も判決に関しては自分たちの手持ちの資料で編集した記録集は作っています。私の事務所に揃えてありますが、これはあくまでも弁護団が作った手づくりの資料なので、たくさん作ることはもうできない。裁判所（津地裁四日市支部）にはそれが残っているんです。これは今、最高裁の管轄に入っていて、最高裁で原本を管理しています。それを四日市の資料館へ移管して、誰でもみることができる、研究者が誰でも行って原本を手にして研究ができるというようにする。私としてはそこに一番関心があって市長に「払い下げの件、努力をされてはいかがですか」と、機会あるごとに言ってきていますが、今のところ実現されておりません。裁判所が原本を自治体のほうに払い下げ、移管するということは消極的なのですが、弁護士としてはそれを一番願っています。

阪倉◉野呂先生、今日はどうもありがとうございました。二人でこのように対談させていただけたことは大変光栄に思います。ご参加の皆さんには聞く側が十分な意見を引き出すことができず申し訳なく思いますが、第一部としてはこれで終わりたいと思います。第二部の質問の時に、私が聞き出すことのできなかったことを、ぜひ聞いていただきたいと思います。どうもありがとうございました。

（休憩）

幻となった磯津二次訴訟

会場1◉磯津の二次訴訟が続かなかったことについて、野呂先生はどのようにお考えですか。

野呂◉一次訴訟の一審が確定しすぐに強制執行で損害賠償だけは獲得しました。さらに、原告の皆さん方のお住まいの磯津地区では、お母さんや子どもさんを中心に第二次訴訟を始めるべく準備をしていました。それが結果的にはなくなっていきました。この辺の評価をどうするかという問題は四日市公害訴訟の歴史を語る上で、皆さん方の記憶に残しておいていただきたいのですが、これには二つ理由があります。

四日市公害の裁判を起こして以来の企業の発生源対策の進め方にも関係しますが、裁判を起こした当時（1967年頃）の発生源対策というのは本当にお粗末で、むき出しのままの裸のばい煙が排出されていて、しかも煙突が低いために、近接地の磯津へ直接降下していく、それで被害を拡大していくということがありました。けれどもその後4、5年の間にまず、燃料の重油の硫黄濃度が非常に少なくなってきました。被告企業は当初「少なくできない」と言っていたのです。でも判決が出るとちゃんと何倍も硫黄濃度を低くした燃料を使うようになった。それから煙突も高くなったりしました。そうなると排煙は遠くへ飛び、地元の磯津へ落ちるという割合が少なくなる。つまり煙突が高くなり硫黄酸化物が少なくなる、といった公害対策が進んだ中で、果たしてぜん息発生についての因果関係が一次訴訟と同様、的確に立証できるかという問題が出てきます。これは被害を受けている磯津の皆さんにとっては大変なことです。ですから弁護団のそういう考え方には不満だとおっしゃるお母さん方もいらっしゃった。

もう一つは「小児ぜん息」というものの発症が、ふつうの成人の閉塞性肺疾患と比べてメカニズムがよくわからない。皆さん方もお子さんやお孫さんのことで経験があると思いますが、小児ぜん息というのはやはり小さい時に起こります。私の娘もそうだったのですが、大きくなると治っていきます。そうすると、そういう小児ぜん息の特色から考えると、生を受けて間もない子の「ぜん息」の原因が、本当に工場のばい煙かという点が、大人のぜん息の立証のように簡単にはいかない。つまり、訴訟を支えてきた理論がそういう「対象者」に対してはできない。そういうおそれがあるとちょっと弁護団も腰が引ける。これは弁護団が心配したのではなく、その当時の公害訴訟を支えた公衆衛生学教室のリーダーが自らそう言われた。そうなると支えを失うんですね、弁護団としては。

もう一つ、経済的な理由ですが、一次訴訟で勝った原告以外に磯津では当時、子どもさんも含めて100

名くらいの患者さんがいました。それに対しては「磯津直接交渉」というのが始まります。判決の出た直後からその年のうちに、だいたい一次の原告並みの損害賠償が、訴訟を行わずに取れたという一つの動きがありました。その結果、二次訴訟を予定していた磯津の皆さん方も損害賠償だけではありますが、被害救済が行われたことになります。このあたりは、四日市の一次訴訟だけを中心にみますと華々しいと印象づけられますが、やはり歴史的にみますと、そうした一つのマイナス要素も引きずっていたということはお伝えしておいたほうがいいかなと思います。

変わりにくい企業体質

会場2◉現在の四日市は40年くらい前に比べると、電車の窓を開けてもあまり気にならないようになってきましたが、現実に今も工場がいっぱいあります。2、3年前に問題になった石原産業のような公害企業が、いまだに悪いことをし続けているという気がしています。そういう企業に対し、損害賠償だけではなくて企業責任がどこまで問われているのか。あるいは四日市という土地柄、そういう企業を追い出すようなところまで反対運動が高まらなかったのか、そのあたりの事情を少しお聞きしたいと思います。

野呂◉石原産業というのは戦前から四日市にあります。紀州に銅の鉱山を持っていますから、四日市へ運んできて精錬をやるんです。だから、四日市に古くからお住まいの方はご存じでしょうが、東洋一の煙突というのを建てまして、そこで精錬をするという、乱暴な企業なんです。山の中に工場があるのに、そこではなくて市街地でやる。それが回り回って放射性があるような物質を埋め戻し材だとして売ってみたり、ホスゲンという毒ガスみたいなものを作ったりしました。ですから石原産業だけは（被告）6社のうちでも異端児なんです。昔「大阪アルカリ事件」といって、農業被害を出して被告になっています。だから、あの会社の体質というのは今までつながっておりますので、一つの裁判で負けてもあまり痛痒を感じない特別な企業だと思っております。

たしかに四日市の大気汚染は改善されました。それはやはり企業努力だと思います。裁判当時にも脱硫装置、つまり燃料から出る硫黄酸化物なんかを除去するという技術はありましたが、非常にカネがかかるということでできなかった。そのため被害が増大したわけです。裁判が終わりましたらどの企業もそれを付けましたね。燃料も質のいい重油を使ったり、裁判によって責任を追及されると企業というのはやはり能力があるんです。しかも、戦後の高度経済成長を担っていたところですから、非常に資力があるんです。ですから意識に目覚めれば日本の企業というのは立派に活躍してくれる企業ですが、そうでない企業もある。四日市だけではないと思いますが。四日市はこれだけ洗礼を受けたのですが、それで総ての企業が右へならえをしたかというとそうではないのです。単純になくなってはいないんです、今でも。

会場3◉基本的なことを少し教えてください。判決後に強制執行を行ったということで、裁判に勝ったのに無理矢理おカネを差し押さえに行くという、どうしてそういうことをしなくてはいけないのか。また、今でもそういう裁判があればそれは行われるのかどうかも教えていただきたいと思います。

もう一点、先生が裁判のいろんな団体を支えるということで、マネージメントがすごく必要だったということでした。その団体内の交渉など難しい部分とか苦労した部分などを教えてください。

野呂◉強制執行ですが、初めてこういう話を聞かれると、負けたらすぐ払えばいいのにというのはその通りです。だけど裁判の制度としては「払わない」のを「払わせる」という、そういうしくみになっているわけです。執行の手続きとしてあります。だから負けたらすぐ持ってくるとか振り込んでくるというケースもあります。ところが、公害訴訟における被告側の姿勢といいますか、進んで払ったのではないんだと、取りに来たから法律に従って、判決に従って払ったんだ、という体裁をとりたい。自己責任、企業責任というのですか、それをはっきり認めたがらない。私はそういうふうに解釈しているんです。

会場３（再）◉具体的に強制執行というのはどういうことをするのですか。

野呂◉四日市の場合は本社じゃなくて出先の工場ですから、ふだんは倉庫や工場におカネはないんです。ところが、面白いことに裁判には負けるということを初めから予想して６社が６社とも、当時数千万円のおカネを本社から運んで工場に置いてある、そういうことはわかるわけです。行けばおカネはあるからそれを取りに行く。強制執行というのはそういうことです。払わなければ金庫を開けてそこにあるおカネを押さえて原告（被害者）に渡す。執行官という国の制度の中で行われるのですが、皆さんから考えると変な話ですね。払えばいいものをどうして本社から工場に運んで、しかも現ナマを積んでおくんだと。そんな手間ひまかけるのなら今と同じように振り込み制度があったわけですから、払うから口座をどこか教えてくれと言えば済むわけです。だから、こういう

石原産業での差し押さえ

場合も儀式とか体裁にこだわる、一つの企業体質だと思ってください。

それから、マネージメントというのは、私自身あまりやったことがありません。弁護士というのは自分でデータや仕事を全部もらって、いわば食材を料理して出して裁判官に食べてもらうシェフのような立場ですから、あまり周辺に気を配らなくてもいいんです。いい材料さえもらえば勝つんですから。ところが、こういう大きな訴訟になると、どこにいい食材があるかということを探さなきゃいけない。同じ学者でも、たくさん証人になってもらった先生がいらっしゃいますが、それは必ずしも三重大学だけじゃない。東京にも大阪にもいらっしゃる。そういうところへ、初めてお目にかかるわけですから、「三顧の礼」をもって口説か

なければいけないんです。そういうのにけっこう時間がかかるんです。

　公害には理解はあっても裁判での証言は、という方もいるし、反対にそういうところへ出られないかという学者さんもあります。そういう方々に支援をお願いするとかいろいろ交渉事があります。それから労働組合でも一枚岩ではないんです。各組合によって裁判に距離がある。短かったり長かったりしますから、長いところに無理矢理頼みに行くと、なかなか積極的になってくれない。だから、この組合はこういうところが長所だからここには動員をお願いしたい。あそこは少し余力があるからカンパをいただけるなあということであれば、そこへはカンパだけをお願いに行く。というような苦労は弁護士としてあまり経験したことがありません。事務局というのは私一人ではなく数名でやっていましたから、みんな協力し合ってやっていたということがあったと思っています。

「勝訴」の意味を考える

会場4◉結果として原告側の勝訴というわけですが、その判決の内容について、たとえば賠償金の金額について弁護士の先生方や原告側は満足していたんでしょうか。
野呂◉慰謝料にしても逸失利益にしてもそういう意味では100パーセントの勝訴ではないですね。やはり100請求してだいたい7掛けくらい。我々一般の裁判で勝訴というのは100パーセントを勝訴というのですが、金銭面でいうと決して満足のいくものではない。といって100パーセントもらえば大勝利かというとそうではないですね。命が戻ってくるわけじゃないないし、健康が戻るわけじゃない。この訴訟自体一般の民事訴訟と違って、あれだけ頑張っていた企業側の「無責任」主張を叩きつぶして責任を認めさせた。原告の被害について一定程度成果を上げれば、今度は判決そのものの成果を他の被害者の対策に役立てるという一種の社会的な目的があるものですから、そこを加味して私どもは「勝訴」と名付けたんですが、ご質問の意味から言えば100パーセントじゃありません、値引きされています。

それは原告も承知です。「わしらはこれでいい」と。その原告も公害健康被害補償法（公健法）ができてからは、自分たちのもらった分が計算的には減るわけです。その分をもらったとして全部使い切ると公健法に乗っかって行きますから、今度は一般の被害者と同じように給付を受けられます。自分が代表であった訴訟の成果は、そのように法律になった後もつながっています。ただ、あくまでも損害賠償という問題で答えています。今でも、「差し止め」ということがまだ一つの課題になっているわけですから。だから損害賠償に限定して、とお考えください。

公害訴訟判決の日

会場5◉「公健法」についてですが、1988年に補償の打ち切りをするというのがありました。その後、四日市では認定患者に対してどう扱っているのかということ、また国の責任が今後どうなっていくのか、あるいはその責任については終わったのかということを教えてください。

野呂◉おっしゃる通り、公害被害者の補償法というのは1988年に改定され、大気汚染患者の新規認定は打ち切りになっています。従ってそれまでに認定を受けた方々は今はまだ法律によって補償を受けておられますが、その後に罹患された公害患者の方についてはその制度は適用されていません。そういう意味では一歩後退をしてそのまま進んできています。ただ、自治体によってはその後新しい制度を作りまして、補償法ほど手厚くはないのですが、治療費負担など一定の救済をしています。川崎市では行っていますがまだこの近隣では、名古屋市もやっていませんし、四日市市もまだ新しい制度は進んでいないとみております。

そういうことで公健法は既に機能を失っていますが、私どもは絶対に許さない。加害責任が認められたのであれば、利益の中からみんなが拠出して被害者救済にあたるのがこの法律の重要な趣旨だから残すようにと、当時そういう運動を全国的にやりましたが、そういう意味では「負けた」ということになります。ただ、国の責任という場合、大気汚染は水俣病なんかとは違いまして、一つの補償法はできたわけです。国の制度としてあったわけですから、それが法律で改正されればそれに上乗せする、あるいは政府が別に何かするという国の責任体制はまだ出てきておりません。国の法律で守られなくなったわけですから、責任のとり方という中身が大気汚染の部分は他の公害とは変わっています。

会場6◉野呂先生と阪倉先生に質問です。まず、野呂先生への質問です。先生のお話の中で、当時はマスコミが味方してくれたということがありました。私、水俣に研究のためによく行くのですが、水俣でも、支援団体の会合に出たり街頭で呼びかけをしたりという人たちがたくさんいたというのを聞いています。当時は四日市でも似たような状況だったのかな、と思いました。その後先生は他の公害問題にも関わってこられていますが、その中で、マスコミの人たちの関わり方に変化を感じていらっしゃるのか、お聞きしたいと思います。

野呂◉マスコミも世論を反映するんですね。公害に対する取材の姿勢は、四日市の場合、世論は圧倒的に被害者の立場になりましたね。あまり反対勢力というのは聞いたことがない。そういう世論に対して「いい加減にしとけ」「もうこの辺でいいやないか」というようなことはありませんでした。そういう意味では四日市の場合は、本当に市民の方、支援団体の方、学者研究者の方からみんな「どうやったら勝てるんだ」と知恵を絞っていただいたものです。マスコミもそういう取材をするわけですから当然、小さい集会でも大きく取り上げてもらったりしました。また私どもに「青法協」という若い弁護士が集まる部会がありまして、四日市の訴訟の時に公害集会を開きます。それを新聞に大きく載せてくれる。そういう意味で四日市の場合はマスコミの皆さんが社をあげて協力してくれた、その点を強調したいと思います。

またある新聞社の記者が外のグループと協力して四日市公害に対する情報を一つの書物にして出版しております。私も他の運動に参加しておりまして、個人的に記者が書かれたのは知っていますが、複数のジャーナリストが一冊の本を書いたというのは四日市が初めてだと思います。ここの資料室にもあると思います。ですから今のご質問にあった、一方で自分たちの運動やりながら一方では取材を続けたというような、そういう比較はちょっとできないですね。

会場6（再）◉次に阪倉先生への質問です。この場で野呂先生の話を聞いてやりとりする中で何を感じられたのか。今回の土曜講座の目的は若い人たちに学んでつないでもらうということですが、そういう意味で阪倉先生が今回の経験を通して何を思って何を学べたのか、お聞かせいただきたいと思います。

『原点・四日市公害10年の記録』出版

阪倉◉事前に一度打ち合わせをさせていただきましたが、ぶっつけ本番のようなかたちで今日のやりとりは進んでいるわけです。僕自身は野呂先生のお若い頃の写真をいっぱい拝見させてもらって、多くの写真の中にたくさん登場してみえるので、弁護士としての職業を超えて様々な場面に関わってみえたんだなという思いで今日は対談をさせてもらいました。

自分がやはり一番気になるのは、四日市というと「四日市ぜん息」や「四日市公害」、さらに「あそこの空は今でも汚いぞ」と言われるし、四日市に初めて来た人は「四日市は空、青いじゃないか」と言う人がいたりします。けれども、事実としてしっかり伝えなきゃいけない。すごく汚れていたけれども判決でたくさんの人が助かったし、支援や協力をした多くの人々がいた、ということをもっと子どもたちと勉強していかなければいけないという思いを新たにしました。何があったこれがあったという単なる事実だけではなくて、その中で人間がどう動いていったかということを子どもたちと勉強したいと思いました。

今後の患者救済に向けて

会場7◉四日市の場合、制度的には公健法が改定された後は認定が打ち切りになっていますが、実態調査をみれば救済すべき患者と同じような立場の人たちがいるのではないか、それをきちんと行政の側で検討すべきではないのかと考えています。そういう対策をとるような動きが行政に、多少なりともあるのかどうか、わかる範囲で教えてください。

もう一つ、昨年秘密保護法が強行採決されましたが、反公害運動にとっては施行された段階ではどういう懸念があるのか。公害の場合は企業側の行政責任が明確にされているので、その心配はないというのかどうか、弁護士の立場としてどんな見立てをされているのかをお教え願えればと思います。

山本（市民塾）◉1988年に大気汚染の救済制度は打ち切られました。それ以降全国的な大気汚染の患者の組織の中では新しい法案を求めていく運動はなされています。四日市でもそういう運動に関わっている患者さん方もみえるのですが、まだ力は非常に弱くて、四日市全体でもあまり知られていないし、全国的にも伝え切れていません。僕ら自身もなかなか取り上げることができていないのが現状です。

野呂◉今度の秘密保護法の狙いについては、あれを許すことはできない。ところが情報公開に関して、公害の患者からいろんな官庁へ要求する場合にも「黒塗り」のものが出てきます。情報公開法で出すことはできても、中には全部「黒塗り」が出てくる。ああいうものがまかり通っています。だから、現在の情報公開法も名ばかりなんです。そういうものを白地にさせていくという運動も公害被害者の場合やらなければいけない。またそれで成功したケースもありますから。今度の法律については端から認めていませんので影響なんていうのは、むしろ誰か逮捕者を出して争って憲法違反で判決もらったらいいくらいに思っています。現行の法制度でもいろんなところで資料請求の経験をしていますが、公害被害者の被害実態にとっては、制度は全く機能していません。

会場8◉裁判で患者・原告側が勝ったわけですが、被告企業は控訴しませんでした。そのことについて弁護団ではどのように評価をしてみえますか。もう一つは、被告企業に対して控訴するなという運動の中で「立ち入り調査権」というのが出て来ました。科学者とか弁護団、原告団の立ち入りを認めるという項目で、それは現在も生きているように思っています。二、三度、昭石などに行っているのですがその後途切れてしまっています。その立ち入り調査についての意義とか、今後どういうふうな役割を果たすことができるのか、といった点をお聞かせください。

野呂◉立ち入り調査については、判決が直接認めたわけではないのですが、判決後の各被告企業に対する「控訴するな」という行動の中で、「立ち入り調査権」を認めるという一項目を入れて交渉しました。その結果、若干企業の抵抗はありましたが「控訴しない」という方針が決まって、その際交わした「誓約書」の中で確立しております。また、なぜ被告企業が控訴しなかったかというのは、当時「保険説」というのがあったんです。つまり、当時は高度経済成長まっただ中で、しかも被告6社はどの会社も儲けがしらです。そういう企業が控訴していつまでも争っていくと、これは企業にとって成長していく上では非常に障害になるんですね。他の訴訟の場合でも、上場するような会社と裁判やっていますと必ず途中で「和解」に入ります。つまり、負けると思っていた裁判が「和解」で勝訴するというケースも、公害訴訟以外の経験ですがあります。つまり、そういう自分のマイナスになるようなことは早く、要はカネですむことならそれですませて、そして新しい資金を自分の利益になるために投入しようということです。そういうような企業論理といいますか倫理といいますか、が働いたというのが当時の私どもの解釈でした。

ですからその後は景気が悪くなってくると、同じ訴訟でも各地で控訴が続きます。最高裁判所へ出す上告まで続きます。名古屋の「青空裁判」というのは「差し止め」もあって国も入れたのですが、実に10年かかっています。それでも結局また「和解」で解決したんですが。そういうことからみますと、四日市が5年くらいで解決したというのは当時の時代背景を抜きにしては考えられないでしょうね。

若い人たちへ

会場9◉今日ここの会場には若い世代の人間の参加が少ないのですが、若い人たちに関心を持たせるにはどういうことが必要なのかということを考えています。先生が裁判を起こす際にマネージメントとして支える団体を増やし、関心を広めてきたからこそ支えてくれる人たちが増えていったと思いますが、今の若い世代に対して何かメッセージがあればお聞かせください。

野呂◉私も、それが一番、今日の関心事だったんです。私たちは自分で経験しているからわかりますし、皆さん方にいろいろお伝えできるのですが、全く経験のない人たちがそれをどう感じるか。私は１９３１年生まれですから、物心ついた時には軍国少年だったんです。それが戦後、一挙に民主主義になってあれよあれよという間に高度経済成長期に入って、便利になったなと思っているとその裏の陰が出てきます。私どもの仕事はどうしても陰のほうに光を当てるようにということで、こういう公害訴訟にも参加したのです。そうした経験から考えますと、そんな出来事は新しく生まれた人にとっては過去のことなんですね。そして、それぞれに過去のことというのは、その人にとっていっぱい興味があるんじゃないでしょうか。音楽のこと、文学のこと、あるいは様々な社会的な出来事、そんな中で公害とか環境破壊というのは、これからの世代に影響することなんです。

自分たちの生存の基本である地球の環境がどんどん緑を失い青さをなくしていき、人間の生存あるいは健康に対して悪影響を与えるわけです。そこの基本は若い人も同じなんです。今これで大丈夫かなと思っていても、それがまたあなた方の健康をむしばむようなことになりかねない。やはり歴史は繰り返すわけですから、過去をどうやって広めるかというよりも、今のあなた方の現在の周辺で公害関係、環境関係がどうなっているかということに絶えず関心をもつことです。

私どもは公害とか環境関係で経験し勉強してきました。やはり歴史には一つのリズムがあると思います。エネルギーの転換期に大きな問題が起こっているんです。私が弁護士になった1959年は「60年安保」という学生運動華やかなりし時代でした。その前には労働争議で三井三池炭鉱の大闘争というのがありました。総資本対総労働といって実際に資本家と労働者が、ホッパーという石炭の採掘現場で相対峙して内戦みたいなかたちのエキサイトした闘争がありました。それが何故起こったかというと石炭産業が石油産業に乗っ取られてエネルギーが変わっていった時代だからです。それでお互い守るべきものが対立しているから、そういう闘争に発展していったわけです。

今度の震災における福島の原発事故なんかでも、ちょうどエネルギーの転換期になっています。化石燃料がどんどん高価になり、量が少なくなってその代替エネルギーとして核エネルギーに転換してきたのが失敗したわけです。だから、四日市を残すというよりも、四日市に起こった時と同じような状況がやっぱりあなた方の今の目の前に繰り返し起こってきている。そういうところへアンテナを張って、自分たちに共通の地球環境を守るのなら、代替エネルギーを作るとか、持続的な安定した社会を作るとかそういうことに関心をもつことが大事なんじゃないでしょうか。歴史の中で何が起こったかというよりも、それがここまで影響してきているという一つの流れの中で捉えていただければと思います。

阪倉◉それでは時間が来ておりますのでこれで第1回の「市民塾・土曜講座」を終了させていただきます。

▼感想………阪倉芳一

小学校の社会科の教科書には四大公害の一つとして「四日市公害」が取り上げられています。私は子どもたちに四日市公害を考えさせるとき、常に被害者の視点に立つことを大切にしてきました。そこでは、患者さんや原告がどんな思いであったのかを中心に据え、現在の自分たちの生活と関連づけるようにしてきました。

しかし、裁判を支える弁護士がどんな思いでいたのか、どんな苦労があったのかはあまり伝えることができませんでした。この点に関して、今回の講座で「聞き手」となり野呂弁護士から多くのことを学ぶことができました。お話の中で特に印象的だったのは「裁判を支えた人々が、それぞれの職務を超えて集まり勝訴を勝ち取った四日市公害裁判」ということでした。貴重なお話を伺ったことにより、被害者と彼らを支えた人々の視点に立った学習を、これからは作り上げることができると思いました。

学習の中に四日市公害を大きく改善した裁判を取り上げることで、裁判の中で活躍した人々の心情に触れ「勝訴」の意味を考え、自分自身の生活や考え方を振り返ることによって、「四日市公害を語り継いでいく」ことができると確信しました。

第2回（2月15日）

四日市公害訴訟を支えた人たち

語り手◉岸田和矢（四日市公害訴訟を支持する会事務局長）

聞き手◉田中敏貴（四日市市立下野小学校教諭・公害市民塾）

田中敏貴◉皆さんこんにちは、田中です。先ほどご紹介いただいたように14年前に赴任しました四日市市内の保々小学校で、前回（第1回）の土曜講座で聞き手を務めてもらった阪倉先生と二人で2学級の5年生を担任させていただき、その時に市民塾の皆さんとも知り合い、たくさんのことを教えていただいています。今年37歳になります。今回のお話をいただいて年表を確認していましたら、ちょうど四日市公害の勝訴判決が出た時、岸田さんが37、8歳くらいです。現在僕が37歳ですので「そうか！」と運命的なものを感じています。世代的には、父も戦後生まれですから、本当に公害を知らない世代の代表というようなかたちでここに座らせてもらっています。今日のやりとりの中でいろいろずれた質問をしてしまう、ということもあると思いますが、そんなことも含めて今回の企画のコンセプトですので、足りないところ

は後の質疑で深めていただければと思っています。では岸田さん、よろしくお願いします。

早速ですが、まず岸田さんご自身の四日市公害問題との関わり、公害訴訟を支持する会の前に、四日市公害そのものとどんなふうな出会っていったのか、という点からお聞かせください。

「四日市公害」と出会い「支持する会」へ

岸田和矢◉岸田でございます。どうも年をとってきますと、昔はこんな声ではなかったなと思ってるんですが、どうもだめですね、声まで年をとりまして聞き苦しいと思いますが一つよろしくお願いします。私が四日市へ来ましたのは1960（昭和35）年、四日市工業高校への赴任の時です。四日市公害との出会いについてですが、私は津の出身で小・中・高と過ごし大学は東京へ行っていました。今日も津からここへ来ていますが、四日市のことは津から知るわけです。コンビナートのできた頃は工場からパアっと煙が出ていると、活気あるええ町やなあ、津もそうしたいなあ。そんな思いでずっと過ごしていた記憶があります。四日市公害の実態を知らない人たちは今でも、公害で苦しんだ人がたくさんいたことなどは知らずにこういう気持を持っているし、三重県の中にもたくさんいるんじゃないかと思います。

私の赴任した四日市工業高校ですが、今だから言いますけれど、当時、Kという大校長がおりまして職員会議の時に生徒の処分問題が出ました。あの時はあまり物資がなくてついパンを盗って警察に捕まったんです。校長は「退学」と言います。3年生で就職が決まっていたんですが、職員会議で誰も文句言わない。ハラ立ってですね、「おかしい、そんなものせっかく就職が決まっているのにどうして首にするのか」と言って喧嘩しました。そうしたらすぐに組合に出されて、それからずっと組合につながることになりました。

その当時、北勢地区高等学校教職員組合（北勢高教組）は独立していました。その連合体が三重県教職員組合（三教組）です。これは1970年に組織編成が変わり支部になるわけですが、当時は独自に運動をしていました。あまり大きな組合ではなかったわけです。そこから地区労（三泗地区労働組合協議会）役員に出まして、そこで初めて四日市公害を認識しました。それが私の原点であったわけです。

学校内での私の居場所は図書館です。当時の四日市工業高校は鵜の森の近くで、近鉄四日市駅の近く（現アピタ）だったんです。館長と私ともう一人の先生と図書館の司書、この四人だけでした。職員室に置いておくとカビがうつる、「みんな校長に刃向かうようになるとあかん」と、そういう校長の姿勢でした。そんな経過で組合に出て初めて公害問題にぶつかったわけです。

田中◉今のお話を聞いていただいただけでも、素直なストレートな岸田さんの個性が存分に感じられます。その後、組合の役員をしていた中で「公害訴訟を支持する会」（「支持する会」）を立ち上げられるわけですが、その経過とか周辺のことを教えてください。

岸田◉「支持する会」についてですが、一般的に他の公害訴訟をみますとまず住民組織があって、弁護団を頼んで訴訟を起こすというパターンが多いのですが、四日市は違いました。市役所の職員から市会議員になった前川辰男さんという方がいまして、公務員共闘会議の場で「これは何とかしなければいけない。四日市がこんな状況では患者がかわいそうや」ということで、いろいろ話し合いをしていました。そして名古屋の弁護団に相談を持ちかけまして、訴訟を起こしたわけです。先に弁護団と話し合いをしたのですが、その段階では「支持する会」はできていません。よそのようすをみますと、住民運動があって住民が立ち上がって、弁護団を連れてきて訴訟提起というのが多いのですが、四日市の場合はそれらとは逆のかたちが最後まで続くわけです。こういう特別なかたちが四日市の場合あったのではないか、と思っています。

田中◉裁判が始まったのが１９６７（昭和42）年ですね。９月１日に磯津の患者さん９名が原告となって訴状を提出する。第１回の口頭弁論は12月１日で、それに間に合わせるということで「公害訴訟を支持する集会」が前日の11月30日に開催されているんですね。そこでの熱気というか盛り上がりはどんな感じだったんでしょう。

岸田◉8月の段階で三泗地区の公務員共闘会議を開いています。この組織は県・市あるいは裁判所職員とか国家公務員も入って作っていました。ここが会議をしまして「支持する会」の母体になる。さらに社会党、共産党また母親連絡協議会などに呼びかけまして、団体を作って訴訟の支援をしようということを弁護団とも話し合いをしました。弁護団内でも話し合いが進み名古屋の野呂さんたち［第1回参照］が中心になってやってくれたんです。しかし、9月1日に訴訟を提起するということになりましたが、被告となる企業名が出てきますと地区労関係の労働組合が次々と抜けていきました。ですから民間企業の労働組合は出てこなかったわけです。

仕方がないので市会議員の前川さんと相談をしまして、澤井さんも入っていたんですが「これではいけない。公務員共闘で組織を作ろう」ということになって、ようやく「支持する会」の母体ができたわけです。よその場合は支援組織があって訴訟をやるのですが、四日市の場合は訴訟になってからできたというところに運動の弱さのようなものがあったのではないかと思っています。

田中◉なるほど、大きな後方支援部隊だったと思いますが、当時の岸田さんのエネルギーに計り知れないものを感じます。当時の岸田さんと同世代の自分はここ数年、余裕なくバタバタ過ごして来ていますから、すごく大変だったんだろうと素直に思います。時代背景も違うとはいえ、ご家庭の理解とか応援はどうだったのでしょうか。

岸田◉結婚しまして、自分の思う通りに自分が行動するというかたちでしたが、ただ自分の体が空いた時には必ず家内を連れてどこでも行くという、これだけは守っていました。まあ、それだけが取り柄でした。家内はもう亡くなっていますが、「あんたは勝手やでな。自分のええ時は行きたい所へ行くけど、私の行きたい所へはどこにも連れて行ってくれへん」「言うたらええやないか。どこでも連れて行くから」、こういうのをいつもやりながら、まあ家庭生活を過ごしていたということです。

田中◉基本的にはやりたいようにやって、家族も大事にしてということなんですね。でもそのことをきちっと自覚している岸田さんのお話が聞けてよかったなと思っています。

さて、具体的な行動についてなんですが、いくつか質問させていただきます。原告の方々とか患者さん方との直接のやりとりはあったのでしょうか。

岸田◉全部の患者さんとは話をしていません。一部の人とはちょくちょく話をしていましたが、患者さんとはほとんどなかったように記憶しています。

難しかった組織作りから勝訴へ

田中◉教職員組合という大きな組織を動かしていくというのは、いろんなご苦労があったと思いますが、「支持する会」独自の戦略あるいは組合独自の動きとか、支援の具体的な中身とかいったことを少し教えてください。具体的にカンパとかどんな取り組みをされていたのかということについてもお願いします。

岸田◉カンパの話も出ましたが、県労協（三重県労働組合協議会・当時）がありまして、私たちも入っておりました。そことも話し合いをし、全国の組織とも話をして、集会があったら必ずカンパの要請に行く、全国大会でも了解してもらっていました。しかし、だからといってどこの組合も完全に支持してくれることでもない。民間の組合では、自分の会社が訴えられるということがはっきりした時から、組合員には理解できない。自分の会社が訴えられているのに裁判を支持するのはできない、という態度に変わってきます。非常にきつかったですね。官公労は訴えられていませんから十分に応援ができる。そういう違いがありました。けれども民間でも小さな組合であまり関係がないところではちゃんと支援をしてくれるわけですね。そんなことがあったと思っています。

田中◉さまざまな取り組み、運動があったと思います。前回の講座で弁護士の野呂先生が「勝てる見込み」に関して、かなり自信をもって勝訴判決を迎えていくような雰囲気があったというお話をされたのですが、支援団体としては「勝てる見込み」というのをどんなふうに感じていたんでしょうか。

岸田◉はっきり言いまして僕自身は、あの時、勝てる見込みはあまりなかったんです。何と言いましても相手は大企業です。全国的な企業です。三重県の企業を相手にしたら勝てるだろうが、全国的な大きな会社相手に、勝てるというか、患者に対していいような判決は出るだろうか、という気がしてました。ですから、判決が出た時はもうびっくりしました。これはすごい、と。僕自身の考えとしては、おそらく二、三審といくだろう、これからずっと押していかなくてはならん、長期戦になるやろ、どうやって支えていくのかな、と。たぶん、ずっと行かなならんやろ、10年になるなあ。俺の一生は裁判で終わるかなあ、と自分では思ったくらいです。家内には「これだけやでな」と言ってありましたし、家内も「今回だけですよ」って言っていたんです。そういうことですから、あんな判決が出るとは思わなかったです。

田中◉そうでしたか。判決が実際に出た時の「支持する会」の事務局のようすであるとか、岸田さん自身のその時の思いはどうだったでしょうか。

岸田◉あの判決が出て飛び上がりましたね。「うわー、これはすごい。これはよかった。自分がやっていてよかった」という気持ち。たぶん向こう（被告企業）は控訴するだろうが、あんなのにも勝てる、このままの調子でいこう、という気持ちになったのは事実ですね。たぶん、また上級審での争いになるだろうとは思いましたが、よかったなあという気持ちで一杯でした。

田中◉判決が出てその後、磯津で二次訴訟への動きというのもあったと思います。勝訴判決で一区切りを迎え、その後「支持する会」というのはどうなったのか、岸田さんの関わりはどうなったのかといったことをお願いします。

岸田◉私自身の個人的なことを言いますと、実は陸上競技の審判員でもあり三重陸協の役員でもあったわけです。三重国体が昭和50年にあるのでその仕事もやっていました、公害訴訟を支援しながら。いよいよ50年が近づいてきますと片手間というわけにはいかない。判決翌年の昭和48年でしたか、四日市工業高校から伊勢の陸上競技場へ異動があったんです。そこで国体の仕事をやることになりましたから、それ以降は（公害のことも）やりたいけれどもできなかった、というのが実態だったと思います。

田中◉判決以降はそういう運動から離れられたということですね。今まで支援運動については自分もなかなか詳しく聞いた経験がなかったものですから、子どもたちと学習する時も資料があまりないわけです。ビラ配りしましたとか、たくさんの人たちが参加しましたとか、カンパを募りましたとか、話しますが子どもたちもそれくらいのことしか捉えることができません。それで今日は具体的なイメージを描いていただきたいと思いまして、ちょっと写真を用意しました。澤井さんの写真の中から岸田さんが写っているのをピックアップしました。

ちょっと懐かしい写真をここで見ていただきながら、その時のエピソードなどを少し教えていただきたいと思います。（スライド上映しながら）最初は「青空バッチ」です。僕も澤井さんからいただいて実物を持っているんですが、これにはどんな思い出がありますか。

「支持する会」の取り組み

岸田◉「公害訴訟を支持する会」はおカネがなくって、非常に苦労したんです。澤井さんなんか手弁当ですね。自分のおカネ出して。僕は組合の予算がありますから、その中から出したらいいわけですが、澤井さんは自分のおカネで動いていました。それで何とかカネを作ろうということで、バッチを作って各組織へ持って行って「これ買ってくれ」と半ば強制的に割り当てて資金を作ったというのは事実ですね。行く時には

訴状提出記者会見

イタイイタイ病判決の日。富山地裁

支持する会発足の集会

「いやあ、苦労してるんや。あんたとこも四日市の公害（裁判）を支えとるということになるんやから、買ってくれ」と、多少ごまかして言いながら、資金を集めたという思い出のものなんです。

田中◉これ、岸田さんです（写真右）。たぶんこの時36、7歳で今の自分くらいかなと思います。1971年で、富山に行かれたんですね。

岸田◉当時、四日市と前後して全国に四大公害訴訟があり、全て勝訴だったわけです。労働組合の上部組織で総評というのがあり、そこが中心になって富山・新潟と周っていたわけです。私も判決の時に富山地裁へ行って来ました。四日市の判決の時は向こうからも来てもらっています。

田中◉これ（左上）は訴状提出の時です。下が実際に支持する会が発足した時の集会ですね。

岸田◉これってずれているでしょう。普通だったら支援組織の発足があって提訴でしょう。四日市の場合は提訴があってからの発足です。上の写真の私の横が市議だった前川辰男さん。この二人で、どうにもならないから公務員共闘で公務員が中心になってやろうと決めたんです。はじめは訴訟ということで民間の組合も入っていたのですが、いざ弁護団から訴状が出てきて石原産業とかの名前が出てきますと、一般の組合員は理解できない。

自分の会社を訴えられる、どこが悪いのかと言って抜けていきました。仕方がないから公務員共闘で、市職や県職なら問題ないからやろう、と。だから「支持する会」の発足のほうが遅いわけです。11月30日ですよ。普通なら9月の提訴以前にできていなければならない。この公害訴訟ではそうなっているわけですよ。本来は先か同時期になるべきですよ。この時のようすはどうだったんですか。

田中◉次は1967年、第1回口頭弁論になります。この時のようすはどうだったんですか。

岸田◉この時は、野田さんとも話していたんですが、「やっとここまできたなあ」というのが前川さんと私の感想です。「ようも、ここまできたなあ」「よし、これから行こう」「大変やけど、やろに」と。ですから、支援部隊は公務員が中心であったということですね。民間でも小さい組合は参加してもらっていますけれども……。

裁判所構内での支援

田中◉勝訴判決の時まで飛んでしまいますが、1972年、判決を迎えた年の2月。「支持する会」が運営委員会を開いたり、判決の日、傍聴券を確保するために並んだりしていますね。

岸田◉運営委員会で判決が出た時の行動はどうしようというのを話し合っています。どのように進めていくのか、ほとんどの組織に動員かけていましたから、そういうのを含めて傍聴券を確保しなくてはいけません。裁判所の入り口前に並んでとりに行くわけです。そうしないと相手側の企業のほうは上から言われて来ますから、こちらもいやでも行かなければならない。負けたらアカンから先に行こうと、とりにいったわけです。

田中◉傍聴券を確保するために朝早くから並んでもらったということですね。子どもたちと学校で学習をする時も貴重な資料ということで、弁護士さんたちは会議を重ねたんだよ、とか、裁判の傍聴券を確保するために寝袋持参で並んでもらった人たちもいるんだよ、とか写真を示して子どもたちと一緒に学習をしています。判決の出た直後の写真を見ると、熱気を感じるんですが実際はどうでしたか。

岸田◉その写真なんですけどね、勝訴判決が出ますと今まであまり出てこなかった人が出て来るんですね。不思議なことに。そして自分がいかにもやったようなかたちで、前へ座るんですね。写真みて、ああなるほどなって思うんです。そういうのが非常に目立つ写真だなあと思います。また、この上の写真は磯津の直接交渉です。知事はよかったですが市長は悪かったですね。ハラ立って殴ろうかと思ったんですが、暴力ではやられますからやめましたけどね。市長は悪かったですねえ。言うこととやることが違うんですよ。

磯津公民館での自主交渉

田中◉他にも紹介させていただきたい写真もありましたが時間の都合上、これくらいにしたいと思います。終盤になってきていますが、その後事務局長を終えられて、津市でいくつかの中学校で活躍をされたとお聞きしています。自分も同業の身ですので、四日市公害に関わった経験とかそういったものが、その後の教育とか学校づくりなどに生かされた部分などはいかがだったでしょう。

判決後は学校現場へ

岸田◉判決が出まして、その後、伊勢の陸上競技場へ行き国体の仕事をさせられて、それが昭和50年に終わって津のほうへ帰りました。最初に赴任した中学校がまた大変だったんです。何が大変かと言ったら生徒が大変やったんです。窃盗やら家出なんかをするわけですね。校長に言われて生徒指導です。毎晩のように警察から電話がかかってくる。「おまえとこの生徒捕まえたから引き取りに来い！」。それで津署へ行きまして頭を下げて。生徒の家は、父親が家出していなくて、母親が一人で泣いているんです。そんな生活指導させてもらいました。まあそれもこの四日市公害での経験があったので、僕はできたと思います。患者さんとか磯津の人など、いろんな人たちとも話をして気持ちもわかっていますから。そんなことわからずに教員になっていたら生徒指導は無理ですね。まあ大変でしたが、四日市での経験が教員生活にも生かされたと思っています。

田中◉ほんとに岸田さんが多くの人々の先頭に立って、たくさんの人とやりとりをして動き回ってこられた経験が、その後に生かされたというのがよくわかります。現在、自分も生徒指導の担当をしていますのでよくわかります。

　最後になりますが、いよいよ時代は変わり、四日市の公害資料館も平成27年春にスタートというところまで来ました。四日市公害問題の残された課題というか、これからの課題、公害資料館に期待するものなどを聞かせていただきたいと思います。

岸田◉非常に難しいとは思いますが、できる限り企業の実態といいますか公害をもたらしていた、というところを中心に出してほしいと思います。出せる部分と出せない部分があるとは思いますが、どこへ行っても資料館というのはいいところしか出してないんです。患者が苦しんだ時、運動体が苦しんでいる時、そういうところの資料を僕は出してもらったほうが、これからのためになると思います。そうでないと忘れられてしまって、資料館に行ったらいいところばかりだったということになってしまいます。こんなことになったら企業相手に喧嘩したとか今までの苦労はどうなったのかという思いがありますので、そういうところを中心にしてやってもらったら、よそのとは違う資料館になるのではないかと思います。

田中◉教育の現場では、人と人の間でストレスをかかえて体調を崩されたりする先生も見えるんですが、そんな中で岸田さんは本当にしなやかに、自分の信念をもって活動に取り組まれてきたのだなと、そういう魅力を感じさせていただきました。たくさんの写真や資料をみせていただく中で、今まで白黒写真を見るとすごく昔のことのような感じに思ってしまっていましたが、何か色が見えてくるようなかたちでいろんなことがつながってきた、ここ一ヶ月になりました。本当にありがとうございました。

当時と今ではずいぶん時代背景も違ったと思いますが、いつの時代であっても変わらないものがあります。後ろにポスターのコピーが貼ってありますが、「この子らのために」というフレーズは、本当に子どもたちのためにという思いに溢れていると思います。自分も今回の経験で、今の時代だからできることをコツコツとやっていかなければ、と改めて思うことができました。

前半部分はこれで一区切りとさせていただきます。また後半での質疑で深めていただきたいなと思います。ありがとうございました。

（休憩）

四日市の地域性を考える

会場1◉九鬼市長がひどかったというのはたくさんの方から伺います。あの方にはどんな態度どんなひどい暴言があったのか、思い出すのもいやかも知れませんが、具体的に教えていただけるとイメージが湧きますのでよろしくお願いします。

岸田◉あんまり人の悪口は言いたくないのですが「四日市は企業あっての四日市や。それが気に入らないのなら出て行け」こういうことを言われました。企業あっての四日市市長だったんですね。それであの人の場合は通用したんですよ。やはり財閥のお坊ちゃんはこんなものやな、と思いました。

会場2◉四日市の場合はよそと違って提訴よりも住民組織づくりが後になった。被害者が弁護団に頼んで訴訟というかたちになったわけではないというお話でした。しかも判決終わったあたりからちょっとおかしくなったということを言われたような気がしましたが、それは個人的なことなのか、組織として全体的なものに関連してなのか。これから資料館が作られていくというのに同じような流れではまずいと思います。そういう意味で教訓といいますか、どこに問題があったのかという話を教えていただきたい。

岸田◉非常に難しい問題だと思います。言っていいことと悪いことがあるかもしれませんが、他の地域も含めて四大公害訴訟といわれていますが、よその地域では患者さんが住んでいる地域も含めて全体が立ち上がって組織を作っていくわけです。四日市の場合は磯津の9名にやってもらったのですが、他の地域で立ち上がってやろうということにはならなかったわけです。それで、四日市の市民はどうかといえば、磯津はあそこ離れていますね、川で。だから「あそこは漁師町やで放っておけ」。言ったら悪いですけれども、こういう機運が多分にあったんです。

第1コンビナートと磯津

自治会長は自分が中心になってその組織を運営したいと考えるわけです。たとえば磯津の自治会長には、公害訴訟をするのなら、こういうふうにしないと気に入らんのやと、そういうこと言われたんです。四日市の訴訟の場合は我々で原告を抜き出して、前面に立てて闘ったんです。他の人たちは闘ってないんです。自治会は動いてないんですよ。弁護団と市民団体だけで突っ走ったわけです。そこが他の裁判と違うところです。

田中◉四日市公害裁判ならではの特徴で、そういうことがあったというわけですね。「支持する会」としては勝訴判決の後、発展的解消というかたちで一区切りしたということですが、判決後おかしくなったとおっしゃられたのは、岸田さんご自身の異動もあってのことですか。

岸田◉まあ、そうかも知れません。あれは飛ばしたんでしょう。うるさいから放り出せ……と。

田中◉そういう雰囲気があった中での澤井さんを初めとする「記録する会」や「市民兵の会」あるいは「支持する会」であるとか、いろんな人たちと運動を進めてもらったというのは、いかにすごいことであったかと感じています。

会場3◉当時、三重大学の吉田（克己）先生［第10回参照］がすごく活躍されていて、澤井余志郎さんとも名前は聞いているのですが、今日の話では吉田先生のことは全然出てこなかったですね。吉田先生はどういうふうな活動をされたのか、公害訴訟に勝ったのは吉田先生のお陰もあると聞いておりますから、その辺の活躍のようすを少し教えていただければと思います。

岸田◉四日市の場合は、他の地域とだいぶ違って弁護団が前に出ていたわけです。よその場合は医者とか市民団体とかがいろいろと話し合いながら進めたわけですが、四日市の場合は弁護団が中心となりながら、吉田先生たちと話をする。吉田先生はそういう弁護団会議には出られるのですが、市民団体の中にはあまり出てきてもらえなかったんです。ですからちょっと違う形態であったのですが、弁護団は吉田先生にいろいろと教えてもらったから動けたんです。あれで吉田先生も市民団体に来てもらって、我々と一緒にやろうということであれば、よそと似たようなかたちになったんでしょうけどね。

田中◉ありがとうございます。歯に衣着せぬ感じがすごくいいなあと思います。

岸田◉いやあ、はっきり言い過ぎたかな。僕はもう何も関係ないですから（笑）。

会場4◉先ほどのお話の中で「四日市公害と環境未来館」では、いいものだけじゃなくて問題のあった部分を中心に出していくべきだというお話をしていただきました。新しい公害資料館で何を展示するか、どこが許可をするのか。市民側が展示したいと思っている情報を決定するのはどこなのか、説明いただける方がいらっしゃったら教えていただきたいと思います。

岸田◉いろいろと難しい問題だと思うのですが、どういう資料を出していくのかということは、どこかが中心となって市とも話し合いをしないといけないと思います。市に任せておきますと自分たちの都合のいい、といってはおかしいですが、公害問題についてあまり出て来ないんではないかという気がします。こういう会があるんですから、「四日市公害訴訟についてこういう問題は絶対に残しなさい」と。みんなで考えて出して欲しいものを要望をするべきだと思います。

僕が四日市市民だったら市長に言いに行きます。でも僕は津市民ですから、こういう場所なら話はできますが表面立っては言えないですから。せっかく、これだけ集まっているんですからサークルかなんか作って申し入れる。そういうかたちを作ったほうがいいと思います。

田中◉市が運営する博物館ということで、おそらく四日市市が「公害を克服してきた」歴史をみせるような、ショーウインドウ的なかたちというのは、どうしてもその性質上避けられないのかなとは思っています。しかし、実際にスタートしますと、たとえば自分だったら子どもたちを連れてそこへ見学に行くことになると思いますので、実際にそれを利用する現場の声として、もっとこういう資料を展示してほしい、もっとこういう資料があったら子どもたちの勉強が高まるのに、ということで現場から声を上げていくことはできると思います。そういうあたりは頑張っていこうかなと思っているところです。フタを開けてみないとわからないということもありますが……。

会場5◉岸田さんのお話の中で「公務員共闘」というお話が何度か出てきましたが、もう少しその構成とか、支持する会の中で訴訟に関してどんな役割を果たしたのか、少し突っ込んで聞かせていただけたらと思います。

岸田◉公務員共闘というのは公務員の労働組合の横のつながりです。公務員は国家公務員、地方公務員というのに分かれています。国家公務員というのは国の機関に勤めている公務員で、地方公務員というのは地方の、県の職員とか市の職員、学校の教職員とかがそうなります。それらがひとかたまりになって公労協（公務員労働組合協議会）というのをつくっていますが、具体的な行動の時には「共闘」組織として動いているわけです。当時はその中には大きな組織として、全逓（郵便局・当時）とか全電通（電電公社・当時）があって、一緒になって行動をしていたということです。

会場5（再）◉具体的に「支持する会」の中ではどういう役割を果たしていたのでしょうか。

岸田◉「支持する会」の中でも公労協の場合は全国組織ですので、大会などに行きまして財政面で非常にご厄介になりました。カンパしてくれておカネが集まるわけです。運動はなくても支持してくれるわけですから。また署名などもたくさん集めてくれますし、そういう面で大いに助かったということです。

田中◉教職員組合もそうですが、公務員関係の労働組合の組織力というのは目を見張るものがありますので、その辺りのいいところを出してもらったのでしょうね。

会場6◉僕は逆に、「公害訴訟を支持する会」というのは公務員共闘というかたちではなく、個人加入を原則としていたと伺っているんですが、実際に個人加入はあったのか。あるいは住民・市民はそれに参加をして運動をされていたのかどうか。また岸田さんの目から見て当時の住民・市民の運動をどんなふうに感じていたのか、お伺いしたいと思います。

岸田◉まあ、津から来てこういうことを言えば四日市の人に怒られるかもしれませんが、あの当時は、非常に冷たかったですね。「磯津は、あれは四日市と違うんや」「川から向こうやんか」「我々の問題と違うんや」と、そういうふうな冷たさ。「勝手に騒いどるだけ」「漁師が何やっとんのや」。こういう考え方が非常に強かったと思います。訴訟については「あれは磯津の連中が勝手に騒いどるだけ。ほっとけ」というのが四日市の市民感情にあったのではないか、という考えを今でももっています。ただ全部じゃないですよ。そんな中にも、やってくれる人もおりましたから。

特に塩浜地区はね、ある程度までは理解してもらえました。というのは、あそこに四日市商業高校があったのですが、移転問題が起こりました。この高校には定時制があったんですが、商業高校を山の上へ移転させる計画が出たんです。それに対して地元は反対をして、教職員組合もそこへ置いとけって言って反対したわけです。当時の市長はここには工場建てるんだと言いまして、それですったもんだをして、だいぶんかかったんですが、定時制だけは独立させて富田の方へ新設をさせました。そんな事情もありました。

結局、市民感情として、あれは磯津の問題でおいらとは違うというのが、あったのではないかと思います。だから、やりにくかった。よその公害問題とはやっぱり違うんです。全部がそうだとは言えませんし、ある程度地域の人も支援をしてくれたんですが、そんな雰囲気があったと思っています。

田中◉岸田さんに先ほどから話をしていただいていますが、当時の雰囲気というのを自分がイメージすると、たとえば労働組合の中でも、教職員組合の中でもいくつか分会から支援に反対する意見とか、そんなのもあって自然だと思いますし、そういう雰囲気もあったのではないかと想像できます。そういう中で、大きな組織をまとめて前へ進めていった手腕というのはすごかったんだなと思います。同時に、動員とか組織とかはそうだったのかも知れませんが、そんな中でも心ある人がいて動いていくんだなと思います。そのあたりはどうだったんですか。

岸田◉僕は四日市工業高校におりましたが、自分の職場をみますと、恵まれていたと思います。いろんな人がいて助けてくれました。今はだいぶん世の中変わりました。いいように変わったらいいんですけど、少し悪くなってますね。ちょっと言い過ぎたかな。

会場7◉青空バッチについてですが、あれは何個くらい作られたのでしょうか。全国にカンパを呼びかけるために作られたということですが、アイデアはどなたのものだったんでしょうか。

岸田◉何しろおカネがなかったんです。まあ、自分は役員をしていましたし北勢高教組はある程度おカネは使えます。組織としてカンパもできますからいいですが、何とかしなければと考えたのがあのバッチです。全国的にはたとえば日教組という組織があったわけですが、その大会へ行きまして売るんですよ。それも半ば強制的に割り当てるんです。たとえば北海道の北教組へ「はい、いくつでいくら」って。そうするとちゃんとおカネはくれます。四日市市内ではカンパなんかは集まりません。四日市の人にも売ろうと思いましたけどね、行き渡りません。買うのだったら役員さんが、たとえば自治会長さんのポケットマネーをちょっと出したら終わりでしょうね。全国へはそうやって売りに行ったんです。県職にも頼んで関連の組織へおろしてもらったり、そういうことをやったんです。

田中◉このあたりのことは、学校で学習をしていても子どもたちに伝えるのが難しいところですね。なかなか子供たちが思い描くような正義感や理想だけでは世の中が動いていかないということが。だからこそ、署名であったりカンパであったり少しずつの力を大きなものに変えていく、そういうことの大事さを話します。そんなことが起点になってみんなのためにと、運動を前に進めてもらった方々のすごさなどを子供たちといつも確認しています。

新しい「公害資料館」づくりに向けて

会場8◉僕は大学2年生ですが、四日市公害のことを小学校の頃から中学、高校と勉強してきています。そんな中で四日市公害は四日市すべての問題だと思っていましたが、お話を聞いていると新たに気付いたことがあります。たとえば当時の市長さんの「企業あっての四日市」という言葉とか、四日市市民が磯津は川向こうのことだと捉えていて自分たちの問題と思っていなかったという話などを聞いて、磯津と四日市はちょっと違うものだなと捉えられていたのかなと感じました。現在「四日市公害と環境未来館」設置という計画ができて、当時の市長や市民は冷たい反応をしていたのに、今になって展示をするというのは、最初のほうの話にあった、勝訴判決が出ると今までやって来なかった人が前に出てくるという状態とすごくかぶるように見えて、少し違和感を覚えるんですが、岸田さんはどのようにお考えになりますか。

岸田◉だいたい、行政がやるのはこんなもんですね。「ええとこ取り」ですよ。そしていかにも「やった、やった」ということを証明したいんですよ。ですから、資料館というものに対しては、せっかくこういうふうに集まってみえるわけですから、きちっとした要求を出せるよう話し合いをして、それが十のうち二つでも三つでも実現できるよう考えたらどうでしょう、みんなで。そうして、四日市の公害訴訟というものはどうであったかということを考えるような資料を、澤井さんの資料も寄付してもらって展示するような場所を作ってもらったらどうですか。僕はそう思います。この会でそういうところへ出せるような資料を作ったらどうですか。ものすごい資料館になると思いますよ。これは後世に残るわけですからね。

会場9◉私は昔から四日市に住んでおりますが、一番公害で忘れられないのは「におい」。四日市のにおいはどんなに大変だったかということを、やっぱり皆さんに知っていただかないと、公害が実感として湧いてこないと思うんです。だからもし公害の時出ていた「におい」、煙、そういうものを作って出せるのならば資料館とかでちょっと体験するために、再現していただければいいなと思います。ほんとにそれが一番問題だったんです。においのために住めなかった。窓は開けられませんでしたし、すごいにおいなんですよ、どこへ行ってもね。よそからおいでになる人は、四日市へ来たらすぐわかるって。塩浜の辺りと四日市のもうちょっと北のほうからも、名古屋からここへ近づいてくると、四日市のにおいがする、そんなふうに言われました。それで、山の高い方に引っ越したんです。煙突が高くなったからその「におい」は届くよって言われましたが、でもやっぱり逃げなきゃしようがないので山の方へ逃げたんです。そんなににおい、煙が大変だったんです。それをどうしても実感していただかないと、四日市の公害を理解できないと思います。是非そういうことをやっていただきたいなと思っております。

田中◉当時のにおいを実感させるために阪倉先生、授業で何かされたとお聞きしましたが。

阪倉◉タマネギが腐ったようなにおい、ということを聞いていたので一回タマネギを腐らせようと思ったんですが、なかなか腐らなくて、腐らせ方を教えてもらって水の中へ漬けて腐らすということでやりました。でも、それを子どもたちにかがせるところまではようやりませんでした。なかなか難しいですけど理解を深める上で、「におい」の再現は必要でしょうね。

伊藤（市民塾）◉資料館の話が出ていますが、なかなか市民全体に現状がどうなのかという点が広がっていないと思います。実は僕らが予想していたより非常に進行が遅いわけです。行政の場合、議会を通していかなくてはいけない、ということがあります。僕も議会の傍聴に行ったりしていますが、どうも議員さん自体それほど前向きでなさそうな雰囲気が伝わってくる。この資料館が具体化するのは、ずいぶん以前から澤井さんたちが要求してきたのですが、基本的には市長が代わったからなんですね。今の市長が市長になった時に、公約に「四日市公害の教訓を生かして環境学習を進めます」と言ったんです。

それで、実際に市長に就任してから教育委員会の姿勢もずいぶん変わりました。現場で公害学習をやりなさいよ、と。今、語り部で澤井さんとか野田さんたちにも非常に要望が多いわけです。だから逆に言うと、市民全体から「さあ、つくれつくれ」って、すごい要求の声があって、署名がこれだけ集まったからできた、というものでもないわけです。議会で予算が出て審議に入ります。資料館、公害関係で約7億円のおカネが使われる。ですから、これが議会で承認されるということで業者も決まって、改修工事に入るわけです。半年くらいで現在の展示物を取り出して、後の半年で新しい資料館内へ作り付けていくという作業になり来年3月がオープンの予定になっています。

市の環境保全課の中に準備室というのがありますので、僕らもそこへ行って話をしたり聞いたりといろいろやっています。イメージ図みたいなものはできているわけですが、まだ具体的にどういう写真を飾って、どういうキャプション付けて、年表で何を並べるかとか、そういうところはこれからの作業になっていきます。その中には市民運動に何があったのか、被害者はどうなのかという視点を入れてくれと要望していますそういうスペースがあるようですが、まだ現段階では具体的に何を入れるかというところまではいっていない。我々自身も、きちっと配置まで考えるところまではなかなか行かないということで、これからそれを詰めていく段階です。

幸い今日は、岸田さんからもどんどん要求出しなさいというアドバイスがありました。アンケート用紙を配布していますから、ぜひそこへいろんなことを書いていただきたい。我々も一市民団体ですから、総ての市民を代表するようなものではありませんので、今回の講座でこんな声が集まったよというのは、準備室には届けたいと思います。そういうものを我々も広く使わせていただきたい。僕らが市の代行をするわけでも何でもないですけれども、そういうふうにしていかないと、なかなか声は届いていかないというのが現状だと思っています。

市のほうとしても別刷りのパンフレットを作ったり、講座を開くというようなことをやりかけています。そういう場所にもどんどんお出かけいただいて要望を出していただくと、より市民資料館的なものになっていくのではないかと思います。ただ僕も水俣と新潟、富山へ行って見てきましたけれども、やっぱり限界があります。どこでも、これだけ頑張って、こんなにきれいになりましたよっていうのが行政の最終地点になります。それはもう7億からのカネをかけるわけですから、ある程度はしようがない。僕ら自身がカンパでカネ集めて小さくてもいいから作ろうというのなら別ですが、ちょっとそういう力はないということですから、ぜひいろんなことをアンケートにお書きいただきたいと思います。

田中◉それではそろそろ講座も終わりの時間が迫って来ました。最後に私の感想になりますが、今回、この経験をさせていただいて公害問題とか、それを解決するにはきれいな話ばかりではすまない部分もたくさんあるんだというのを感じているところです。公害がひどかった当時でさえもひとごとのような雰囲気があったわけです。澤井さんの資料で学習していく中でも、子どもたちと「応援してくれる人もたくさんいたけれども、やっぱり自分の身に降りかからないと他人事だった」という見方も考えます。先ほど学生の方からも鋭い質問をいただきましたが、だからこそ、学校現場でのこれからの教育が大事になっていくと、改めて思っています。

身の回りの問題を解決していくためには、やはり他人事ではなく自分のこととして考えられるようにならなければならない。先生も頑張っていくからみんなも自分から進んでできるような人間になってもらいたい、そんなメッセージを子どもたちには送っているつもりです。当時の「におい」をぜひ実感してほしい、そんな貴重なご意見もありましたが、子どもたちが実感を伴った学習ができるよう、これから頑張っていきたいなと思っています。

では、最後に岸田さんのほうから一言ご挨拶をいただきたいと思います。よろしくお願いします。

岸田◉津から来まして勝手なことを申し上げたと思います。私の感想を述べただけでございますので、その点は一つご理解いただきたいと思います。結局、何と言いましてもみんなの集まり、一人よりも二人、二人よりも三人、その力で行政は動くわけです。そういうことを頭の中に入れていただきまして、この輪を大きくしながら市と話し合いをしていただきたい。そして、実現を勝ちとっていただきたい、そういうことをお願いを申し上げまして、終わりにさせていただきます。どうもありがとうございました。
田中◉ありがとうございました。それでは今日の貴重なお話をたくさん聞かせていただきました岸田さんにもう一度大きな拍手をお願いします。ありがとうございました。

▼感想……田中敏貴

今回のお話をいただいた時、はたして自分にそんな大役が務まるのか不安でした。「しっかり勉強して臨まなければ」と、資料や年表に目を通し始めました。ところが難しくて一向に頭に入りません。これまで小学生が理解できる程度でしか、問題を捉えていなかった自分の姿を反省した瞬間でした。

当日も迫って来たある日、澤井さんが、岸田さんの写っている写真を20枚ほど用意してくださいました。そこには勝訴判決を迎える頃の、惚れ惚れするような男前の岸田さんが写っていました。「この当時、岸田さんは何歳だったのだろう」。計算してみると何と今の自分と同じ37歳でした。そこから年表にも岸田さんの年齢をつけ、改めて一枚一枚の写真を今の自分と重ねながら見ていくと、不思議と写真の中の雰囲気がどんどん伝わってくる感じがして、白黒写真なのに色が見えてくるようでした。そして質問したいことがどんどん出てきました。誰かと向き合う時、その方を身近に感じて、その方のことを知りたいと思うことの大切さを改めて感じました。実際にお会いさせていただくと、とても素敵な方でした。

岸田さんの良いお人柄や素直なお話しぶりに助けていただきながら、何とか講座当日の聞き手役を終えることができました。なかなか上手に進めることができませんでしたが、自分の今後の糧となる貴重な体験をさせていただきました。本当にありがとうございました。

第3回 塩浜からみた「四日市公害」（3月8日）

語り手◉佐藤誠也（四日市市塩浜地区連合自治会長）
聞き手◉濱口くみ（シー・ティ・ワイ）

濱口くみ◉皆さんこんにちは。今日はお忙しい中たくさんの皆さまにお集まりいただきました。最近冬に戻ったような余寒が続いておりますが、そんな中でもこれだけたくさんの方にお越しいただけると、佐藤さんのお話も存分に聴くことができるんではないかなと思っています。今日「聞き手」を務めさせていただきます、濱口くみと申します。すぐそこの四日市のケーブルTV局CTYで「ニュースエリア便」という番組を、午後6時から生放送でお送りしています。その番組に携わるようになってだいたい6年ぐらいになります。私は鳥羽の答志島出身です。三重県のかなり南の方で、四日市というとすごく都会だなと感じていたところで、四日市公害についても教科書でしか学んでこなかったのですが、四日市に仕事で来させていただくようになって、野田さん澤井さんに直接お話を聞けるようになりまして、ずいぶん視点

が変わって参りました。今日はＣＴＹのキャスターというよりも個人的にお手伝いをさせていただくということでやって参りました。よろしくお願いいたします。

そして、お話をいただくのは塩浜地区連合自治会長の佐藤誠也さんです。少しプロフィールをご紹介させていただきます。佐藤さんは昭和10年4月26日生まれ。お父様の仕事の関係で愛知県でお生まれになって、小学校2年生で中国に渡り5年生の時に終戦で塩浜に戻ってみえました。三重大学を卒業後の教員生活も塩浜から通勤ということで、子どもの頃からずっとこの地で塩浜をみつめてきたという佐藤さんです。平成6年まで県立高校の教諭を務めて、その後も専門学校の講師とか、数多くの執筆・編集など精力的に幅広く活動されていて、数々の肩書きをお持ちですが現在は自治会の仕事もされているということです。きょうはよろしくお願いいたします。

「四日市公害」についてずばり聞くのではなく、四日市市は人口30万の工業都市で地区も24地区あってそれぞれに特色がありますので、まずはこの塩浜地区についてその歴史とか町の特徴について、最初に教えていただきたいと思います。

塩浜地区の成り立ち

佐藤誠也◉はじめまして、佐藤です。正直に言いますと私は「塩浜生まれの塩浜育ち」というわけではないんです。愛知県の挙母町、今の豊田市で生まれました。親父が農林省（当時）の官僚だったので、いろんなところに転勤があり、愛知県におりましたから岡崎の小学校に入りました。駅のすぐ近くに住んでおりましたが、もちろん借家ですので、子どもの時から新しい所へ行くのはそんなに苦にもならず、そこに溶け込むような体質を得てきたと思います。さらに、これも親父の仕事の関係で中国へ渡ります。小学1年の時に親父が先に行って一年経ってから、2年生になる時の春3月に中国の天津のすぐ手前の唐山（タンシャン）市に行きました。

そこの日本人学校で生活をしました。

次に唐山から天津へ変わりまして、ここの学校で5年生までいました。日本の旧制中学校へ入るというのが約束であり、その時は日本へ帰ってくるという条件で行きましたから、荷物なんかもほとんどこちらに置いて行きました。塩浜が本籍で親父も長男でしたから。それが予定よりも早く戦争が終わりこちらへ帰って来ました。その時には塩浜の海軍燃料廠がガタガタになっておりまして、焼け野原というような状態の中へ帰ってきました。地元の小学校へ入り中学校から四日市高校へ行きまして、私は長男じゃないのですが兄貴がだいぶん年上のためみんな外へ出て行っていましたので、「お前、跡をとれ」ということで残りまして三重大学へ行って教員になりました。その教員生活もあまり紀州とか遠くへ行かずに自宅から通える学校へ最初から勤務しました。ろう学校へ行き、それから津の女子高（今の津東高）、さらに四日市南高校、朝明高校そして四日市高校という状態でわりと近隣地区をぐるっと回っています。

全て地元で住んでいてそのままの通勤ですから他所の人の話なんかもよく聞きました。「塩浜へ行くとくさいくさい」と。私らはホントのこと言って、住み慣れてしまうとある程度のにおいは感じますけれども、そんなに胸がつかえるとかというような感じはしませんでした。もう、慣れなんだと思います。そういうことで「公害」という言葉はもちろんわかってますし、子どももここで生まれて地元の小学校へ行ってます。公害に強い子どもということで毎日短パンと冬でも半袖でした。また後ほどお話ししますが息子が通っていた三浜小学校は今年3月で廃校になります。塩浜というのは、日本有数のコンビナート地区になってるんですが、それまでは純農漁村です。塩浜の現在の航空写真がありますが、見てみますと非常に詳しくて、塩浜地区の方だったら虫メガネでのぞいたら自分の家もちゃんとわかるようなものなんですが、ずっと海岸線がありますす。この地域が全て漁業やってるかというと必ずしもそうじゃないんです。海に面していながら漁業権のない地区もあったんですね。

戦争中、海軍燃料廠ができてくる時に、立ち退きで内陸の方へ動かされましたが、一番の海岸でありました北旭・浜旭・高旭地区は漁業権がなかったんです。七ツ屋なんかはちょっと陸の方ですが、漁業権がありました。後から埋め立てて海が先端になり、そこへ他の所から移住してくる。特に木曽岬付近から移住した彼らには漁業権がなかった。ですから、昔からあの近辺の人は郵便局とか鉄道とか会社員のような、サラリーマンをやってみえる方がけっこうみえたわけです。それから四日市港の荷役作業を行う沖仲仕たちで、農業といっても大きな何町歩もあるようなものはありません。今の塩浜街道から東の方がそうだったんですが、半農半漁というような所だったんです。

大正の終わり頃から四日市が工場を誘致しよう、工業都市・四日市を作ろうということが盛んになってきました。この地図の先の方に石原町とありますが、この石原産業は昭和12年にできた会社です。その前の昭和5年に四日市市は工業の後背地として塩浜地区に狙いを定めてきたわけです。その時、他にも常磐地区とか日永、羽津の方も四日市市は考えていたんですが、一番最初に塩浜ということでやってきました。それで塩浜の人も当然すごく反対もしたのですが、まあ人間というのは情けないもんですね。顔の前にちょっとおカネがちらつきますと、割合に弱いものなんですよ。これは原子力発電所などでもなかなかまとまらない最大の理由はおカネだと思いますね。とにかく昭和5年に合併して一番先に東洋毛糸紡績塩浜工場（今はコスモ電子）が昭和7年に完成しています。

塩浜における公害問題

濱口◉ここまでお話いただいた中では、まだ「公害」という言葉は出てきていませんが。

佐藤◉実は「公害」という問題はその時にもう出てきています。紡績＝毛糸工場でしたから石けんで原毛を洗いまして、それを捨てる。当然その水はずっと流れて最後に鈴鹿川。これで磯津の方へ流れて磯津の漁業者から問題が出てきました。それで流せる方向も磯津の方へ行くとうるさいということで、今の雨池川、大井の川の方から四日市港の方へ流れるように流路を変えまして、四日市港へ入ります。その頃になってきますと周辺にもいくつかの工場が出てきます。そういう工場からの排水が同じように四日市港へ行きますから、磯津だけじゃなく磯津及び四日市漁業組合からこの二つが問題だということで補償問題が出てきます。当時の様子を新聞で調べてみますとこんなことがあります。「魚も人間も慣れが大事なんや」と。「最初は魚もプカプカしとるかも知れんが、慣れてきたら大丈夫」ということを知事が言っていますし、四日市市議会でも言っています。それで終わってしまうんです。そういうのが補償問題のスタートのようです。それは伊勢新聞なんかにも書いてあります。私は『四日市市史』にも書きましたし、『塩浜80年史』の方にも少し書かせていただきました。まあこれが一番最初の「公害」ですね。結局住民もいろいろ言ってもしかたないということで「これが最後の補償や、今後はいっさい言わないことを約束してくれたら出します」。「じゃ、言わない」ということで終わってしまったんです。

これがその後もずっと続くわけです。いったん途切れるのは戦争が進むという状況があったからで、次は戦後です。昭和20年代の後半からいろんな工場ができて、四日市港に排水を流していわゆる「くさい魚」というのが出て問題になってきます。それでまた補償問題が出てきます。我々が一般に公害というのは戦後のコンビナートが操業してから以降の話を指すんですが、もっと以前、昭和の一桁からあったということですね。四日市そのものが工業化の渦の中に巻き込まれまして、さらに海軍燃料廠が来るということでの立ち退き問題、土地造成、工場地域化が進み、そのために空襲にも遭いました。戦後は戦災復興とか工業地域化そして四日市ぜん息から公害裁判、都市改造問題が出てきます。塩浜の80年間の歴史は、全体の流れの最先端でかき回されてきたということですね。それが現実です。

現在、私は連合自治会長として一番、安心安全の住みやすい町づくりを考えていますが、なかなか難しいですね。企業さんもこれだけ来て、地元の方もたくさん働いてみえますし関係企業もたくさんありますから、企業だけをいじめる、叩くということは非常に難しいということをつくづく感じております。

濱口◉聞くだけでも塩浜の成り立ちと生い立ちというのは悲劇的な道のりなんだなと感じましたが、地域が一丸となって一つの方向へ進んでいくのはなかなか難しいんですね。

佐藤◉『四日市市史』にも書けなかった問題があります。海軍燃料廠の土地買収のことですが、あの時、市と軍服の人が来て、小学校へ「実印もってこい」と言われて行ってそこで初めてハンコついた、と。これが表向きの当時の姿です。ところがですね、裏をみてみますとけっこうそれまでに交渉しているんですよ。その交渉―下交渉は当時の地主さん、イコール当時の町内会長です。つまり町内会長というのは地主階級です、ボスです。そのボスと何回も話し合っているんです。その名前も出てきました。あるところから「マル秘」という資料がポッと出てきました。いろんな会議をやる時の「会議録」が残っていました。どこの誰それというのが全部わかってます。5人くらいの人が話をしています。たとえば一つだけあげてみます。田んぼと畑の値段を比べますと、農家では水田のほうが高いに決まってるわけです。だから、土地の買い上げ価格は水田のほうがずっと高くて畑はその半額くらいなんです。ところがこのあたりの海岸線は砂地ですから水田は少なかったんです。だからムチャクチャ安い値段で来ました。そうしたら、やっぱり地主さんというのはすごいと思います。彼らは「これから埋め立てて工場つくるというのに、水田と畑とでは埋め立てる土砂の量が違うはずだ。畑のほうが埋立量は少なくてすむだろう。これか

第1コンビナート

ら埋め立てる水田と畑ではカネのかかり方が違うんだから、当然その分だけ畑のほうに上乗せをせよ」と言ったんです。それで世間の相場より高い値段で買い上げていったんです。田んぼに比べて畑の買い上げ率が非常に高くなっているのはそういうわけです。

農家も小作人が割合多くて小作人も補償費として半額もらうわけです。戦後の農地解放まではこの辺はほとんど小作地です。そういうわけで、皆さん具体的に「いくら」って聞いた時に「あれ、畑は他で売るよりずいぶん高く買ってもらえるんだな」という気持ちがちょっとでも湧いてきますと、やっぱり「賛成」の方向に向かう人が多くなる。それでさっと決まってしまいました。そんないきさつがあるわけです。『四日市市史』にはちらっと触れましたが具体的には書いていません。まあ将来的には資料は残しておかなければいかんので厳封してしまってあります。ですから、もう昔の人が皆調査したからもうこれ以上資料はないよ、ということはあり得ません。研究者のタネは尽きないと思います。塩浜はそんな研究資料の宝庫です。

濱口◉小中学校の移り変わりも、この塩浜の歴史に大きく影響を受けたと思うのですが、それに関してはどうですか。

佐藤◉塩浜地区でも戦後引き揚げて来た方の子どもさんが小学校に上がって来るのがだいたい、昭和27、8年くらいになりますが、その頃からぐっと増えてきます。これを「ベビーブーム」と言っています。塩浜で戦後一番先に復興したのは東海硫安という会社です。これは最終的に三菱化学に吸収されておりますが。海軍燃料廠が壊滅したといいながら、一部アンモニアの製造部門が残っていました。昭和20年の終戦直後、日本は食糧難でした。だから、これから農業をやっていこうと思うと肥料が必要です。幸い四日市の肥料を作る施設は少し手を入れたらできる、と米軍のほうに話をしましたところ「平和な目的に使うのならいい」と許可が出た、というかたちで一番早く硫安の製造工場ができました。それが「東海硫安」です。だから、塩浜では三菱化成さんの最初の場所を陣取りみたいにしたのが東海硫安と思ってもらえばいいのです。

そういう状態ですから、特に昭和30年代になりますと児童・生徒数も増えてきます。工場建設がどんどん進んでくると他所から多くの労働者が来ますから。

濱口◉それで塩浜小学校が一番多いときで40学級、児童数が２０７８人になっています。

佐藤◉こんなマンモス校になりましたので、第2塩浜小学校という新しい学校を作りました。昭和31年4月に今の三浜小学校を海山道に近いところに作りました。新しい小学校については昭和26年頃から話が出てるんです。このままの状態だったら塩浜小学校では収まりきらないから新しい小学校を作らなければいけないと、当時の市会議員が言っています。地元出身の市会議員です。昭和26年頃から当時の自治会長さんたちに話をもちかけて地区の有力者という人たちが集まって相談し、29年頃に決めたのが今の場所です。ということで結果的には昭和31年、塩浜小学校区の北半分の児童が三浜小に分離していきます。

廃校になった三浜小学校

ところが、すぐに、昭和35年になりますと両校とも１０００人を越します。最高の人数になります。それが平成26年になると、現在の塩浜小学校でも約１８０人です。三浜小学校が63名。卒業するともうちょっと減ります。新しい1年生予定者が全部来ても20人くらいしかいません。三浜と塩浜が合併しても、おそらく塩浜小学校で１９０人くらいでしょう。それだけ塩浜地区というのは、特に学校は大きく変化しています。

塩浜小学校の校歌についても変遷があります。昭和36年制定しましたが「港のほとり並び立つ　科学の誇る工場は　平和を守る日本の　希望の光です」。こういう歌詞だったんです。作詞は伊藤信一さんという元小学校の校長先生ですが、昭和47年3月頃に自分で作った歌詞だがどうも中身が悪い、変えなければと思ってみえて、地元の方も同様に思われまして、「港出て行くあの船は　世界をつなぐ日本の　希望のしるしです」と変えたんです。

もう一つ、私の勤務していた四日市南高校の歌詞も、同じような歴史があります。歌詞は谷川俊太郎さんが作ってくれました。武満徹が作曲していますが、当時『世界』に谷川俊太郎さんが「自分は若かりし頃に作った校歌がある。今の時代からいうと公害のシンボルになってしまっている」と。あれでは自分が恥ずかしいというような意味のことをお書きになりました。それを当時の南高校の先生が見つけられまして、谷川さんに連絡をとりました。そしたら「じゃ変えましょう」ということになって、二番のフレーズを少し変えました。それが今の校歌です。

そして、一度、谷川俊太郎さんに学校へ来てそういう話なんかをしてほしいとお願いをして来てもらいました。舞台の上でインタビュー形式でしたが、その時に「自分は力強い日本の科学の最たるものだと思っていましたから、そのように作ったのですが、えらいことになってしまった。今度こちらで気がついて変えてもらうのはありがたいことです」という意味のことを話されたのを覚えています。そういうことで、塩浜小学校も公害教育となるといつでも校歌のことを原点にしています。

この4月1日からはまた昔に戻ります。三浜小学校は廃校となって合併して新しい塩浜小学校ができますが、塩浜小学校はちょうど140年になります。いったん廃校して対等合併で新しく出発するということになっています。歴史は前から引き継ぐということです。

塩浜地区住民としての思い

濱口◉塩浜小学校の場所じたいも何度か変わっていますが、新しく統合されて現在の場所でこの春から続いていくということになるんですね。塩浜の人々は子どもたちもおとなたちも四日市公害を間近に見てこられたと思うんですが、佐藤さんはどのように……。

佐藤◉そうですね、私自身はさっきも言いましたように、人が「くさい、くさい」と言っても、そんなに感じなかったというのが正直なところです。それから、何故でしょうか、私の近所には公害患者さんというのは、はじめのうちは誰もいなかったみたいです。そのうちにちらちら聞こえてきますが、そんなにぜん息で苦しんで、という話はありませんでした。磯津の方は大変だということでしたが。

私が、大学卒業して教員になったのが昭和33年ですから、公害がまだあまり問題になっていないころです。しかし、魚なんかは、もう、「くさい魚」だということであまり食べなかったと思っていますが。私は津市が勤務校でしたから大きな運動もなかったんです。時々四日市で組合の公害集会がありますと「おまえ四日市やから代表で行ってきたら」ということで、こっちへ来ることはありました。

昭和38年に四日市へ転勤になって諏訪公園で旗持って歩くというようなことを経験しました。また、私の親父が昭和43年から47年3月末まで連合自治会長をやっていまして、ちょうど裁判の真っ最中だったと思います。その頃、親父は県の公害審議会委員なんかも任されていましてあまり家にいませんでした。

資料をみますと、塩浜地区の自治会も当時の磯津自治会なんかは磯津単独でいろんな行事をやってます。連合自治会もいろんなことをやっています。「塩浜80年」の時に年表を作りました。まだコンビナートのできていない昭和28年頃からです。漁業についてみますと、異臭のある、また背骨の曲がった魚が急に出て来るのは28年頃からだったと思います。新聞なんかにも取り上げられておりますから。そして昭和34年頃になりますと磯津で呼吸器疾患の患者さんが多発してきたわけです。地図を見てもらいますと磯津というのは鈴鹿川の河口のところで東南の方にかたまったところです。コンビナートが北になりますから北西の風が吹きますと、煙がダーッと流れていくんですね。当時のこの辺の工場の煙突は今ほど高い拡散型ではなく、もっと低くて数も多かった。塩浜地区ではない工場の煙も向こうへ行くという状態なんです。とにかく、四日市の北西からのものはほとんど磯津の方へ通っていく。そんなことですので磯津というのは風の吹きだまりみたいな状態になっていました。それで呼吸器疾患が一番先に出てきたんだろうと思います。

そういう状態で昭和35年頃からそんなことがどんどんありまして、一番最初の問題は地区から出ているんです。当時の連合自治会が「公害だ」ということで取り上げまして、市といろいろ交渉しています。こんなこと言っては悪いのですが、当時の市長さんはおよそ反対側の人だったものですから、いろんなことを言いました。磯津公民館で集会やった時に初めて顔を出して「四日市の発展のためには少々は辛抱しなけりゃいかん」と、最初にそういうことを言ってるんです。いまだにそれと同じこと考えてる人もいます。あまり、よそへ行って、「塩浜は公害がまだ残っているし環境が悪い」というようなことを言ったら、地価は下がる嫁さんは来ない、娘はもらってもらえないようになるからそんなこと言わない方がいい、という方がみえるんですよ、今でも。

公害反対のデモ行進

そうはっきりとした言葉で、みんなの前では言いませんが、同じようなことで「佐藤さん、あんまりきついことというと、企業がおらんようになったら塩浜は困るのとちがう」といいますね。沖縄でも、基地の問題になると「沖縄から基地が抜けたらあとはカスになってしまう」というようなことを本気でいう人もいます。ですから、そういうことに付け込んで「経済的な発展をするためには……」というかたちでカネを出す。それがいいという人もおるわけです。実際、生活が成り立たないというのは一番苦しいことですからね。

だから、原子力発電所をつくる時の地元への交付金が、その地域の予算の半分くらいを占めているのが実態ですから、そう簡単にはなくならない。ほとんどの人は心では反対と思っていますよ。でも再稼働反対と言ってもおカネがもらえないと困る、道一本できないということになってきますから。そういう問題が塩浜にもあったんだろうと思います。私は、そうは思いませんでしたけどね。これは生活に恵まれていたからかもわかりません。また、患者さんが近所におみえにならなかったのも一つあったかも知れません。

海軍燃料廠をめぐって

濱口◉その当時の自治会や地域の人たちは「公害」に対してどのように考えていたんでしょうか。

佐藤◉昭和36（1961）年になりますと、塩浜の連合自治会長が、地区全体の世帯（戸数）で「公害アンケート」調査をやっています。このアンケートは相当こまかい項目がありました。それで県・市・国のほうもどんどん地元の状況がわかってきました。当時の厚生大臣の園田直さんは割合にものわかった人だったと思います。「これはあかんよ、もっと住民の健康ということをしなきゃ」と言うんです。ところがどちらかというと地元の行政のほうが「これはちょっと難しい」なんてことを盛んに言っています。磯津公民館でしきりに会合が開かれています。

昭和41（1966）年に「塩浜地区都市改造事業」というのが出てきます。塩浜の都市を改造していく「マスタープラン」です。基本的には、コンビナートと塩浜住民の居住地域が隣接しているので、これを遮断しようという計画です。海軍燃料廠が来る時に移住した「旭」の付いた地域、それと七つ屋、今の塩浜街道の東側です。そこを再びどこかへ移転させて緑地化する。また、道路から西側のところも道路整備のため「減歩」する。そうすると土地をだいたい1、2割減らすということになります。大きな地所ならそのままでいられるんですが、小さな家だと同じ割合を掛けられますとますます小さくなる。そこで結局はどこかへ移動させて空いた土地は小さくなった家へ割るような話が出てきました。

その都市改造計画に対するアンケート結果も、塩浜地域全体の公害対策の一つとして公害地から避難といいますか、出ていってもらおうという考え方が出てきます。国が何億というおカネを出して、そういうことをやろうとしたんですね。県と市が合同調査委員会をつくりまして、アンケートをとるんです。塩浜の連合自治会が中心になって配布とか回収をやりました。その結果、第1回目では賛成が70・4%、反対は29・6%ですが、その時は都市改造計画といっても、個人負担がどれだけあるとか、どういう犠牲を負わなければならないのかということは一切示されていません。これが一番最初の調査結果ですが、この数字が意外と今まで四日市市の一部幹部には残っています。「あの時にやっておけば、あんたら今頃道路をどうのこうのと言わなくてもええやないか」と、こんなことを言いますね。

だけども、このアンケートには、決して移転する費用は自分持ちだというようなことは書いてないんです。どれだけ負担があるかも書いてない。ところがだんだんと詳しいことが出されてくると、一部補助されて、移転してでも公害のあるところよりはいいという のが51%ありました。移転したくないという方も47%で、このまま住み続けるということだったんです。結果的にはそんな希望数でした。また、集団で移住するのか単独で移住するのかという問題もあります。今、福島とか岩手でも、都市の改造問題で村全体とか地域全体でという問題がありますが、塩浜でも同じことを言っています。その時には、(笹川団地へ)固まって行きたいという方が27%、単独で好き好きのところへ行

塩浜中学校跡地

くというのが73%という結果が出ています。

濱口◉アンケートが実施された後の住民の方たちの動きとか、その結果について目立ったことがありましたらお聞かせください。

佐藤◉実はそういうアンケートがとられた後に反対同盟のようなものができています。移転反対の理由は、この地区は海軍燃料廠の時に一度動かされているからです。そういう方が、どうして再度行かなくてはならんのだ、後から来た会社が動いたらいいじゃないか、我々が動くのは筋違いだということで反対されました。そういう運動が数年間ずっと続きましたが、連合自治会での討論や、アンケート実施の結果80パーセント近くの、移住・減歩による改造計画反対票で中止の方向になりました。最終的には反対運動も消えていきました。それで、当時の市長が昭和42(1967)年に「都市改造は塩浜の区画整理が中心だがこれは必ずしも実施すると決めたわけではない。昨年度は事業主体をめぐって県・市の間でまとまらなかったため、簡単な住民意識だけでは進めるわけにはいかない」と、調査はやるけれども実際にはやらない、と言いました。ただし、当時、平和町という町が磯津の橋のたもとにありました。これは戦後できた市営住宅だったんですが、そこの立ち退き・移住は実行されました。

また、塩浜中学校が今の塩浜地区市民センターから昭和四日市石油のグラウンドにかけてありましたが、塩浜駅南西の鈴鹿川沿い、現在地に約1㎞西へ移転しました。また、隣りにあった四日市商業高校もずっと西の尾平へ、県立塩浜病院も日永の丘陵地へ移転しました。個人でないものは全部西の方へ動かすということで、それだけは着々と進んでいくという結果になりました。公害を克服するというよりも、避けていくという行政感覚だったのかと思います。今になって塩浜の公害もずっと改良されてきましたが、公共施設のあった場所はガラガラになっていくという状態が続いています。それが実態ですね。

公害裁判が始まりましたがその頃、地区の人たちは「えっ　裁判やるの？　勝てるのかな」というような話はあったと思います。わたしもそれは聞いた覚えがありますが、あのような結果になり、私の親父なんかも喜んでいました。よかったって言ってね。まあ、ああいうことでもないと、お役所とか大きな企業というのは「ガーン」と一発お上から食らわさんことにはダメなんですね。個人がやってみても、必ずそれへの対応をしてくるから勝利することは難しいです。

濱口◉じゃ、「原告勝利」の判決が出た時は、なかなか普段は口に出せないし表せないようなことも、地区全体がうれしい気持ちになったんですね。

佐藤◉当時は親父としゃべったり新聞で見たりという程度で、隣り近所と話し合うこともないもんですから、その時の住民のほんとの声というのはわからないんですけど。しかし、そのことによってその後の市の対応は変わってきたと思います。一つだけあげますと、患者さんというのは「補償」というかたちで金銭的に補償されます。ところが一般住民とか訴訟に関わっていない方があるわけですが、それについては患者さんに対しても、訴訟した原告さんと同じようなことをしてもらえるようになってきます。さらに、公害患者にはならなかった一般住民に対して企業さんも、何とかしないといけない、迷惑かけて黙っているのは拙いということで地区には放送施設ができます。塩浜では今でも直しながらも使っていますが。

自治会の役割について

濱口◉企業と住民の関わり方も、目に見えて変わってきたということなんですね。

佐藤◉公害裁判で被告になった6企業というのがありました。中電さんは塩浜から逃げていってしまいましたが、そういう会社を中心に、後からやって来た企業も加わって、その後も事故をよく起こしているんです。コンビナート、特に化学工場というのは、危険なものからやさしいものを作るというのが基本でしょ。化学というのは我々の生活に役立つものを、危険な材料を使って作るんです。だから、危険がないということは絶対にあり得ない。従って、いかに危険を回避するように普段から努力するのか、自治会も強く申し入れていますが、それでも、事故は絶えずあります。先日の三菱マテリアルさんの事故でも、自分たちにとっては「想定外」です。片一方の方を外したら、こっちの方も簡単に外れると思ったのがドカーンとなって吹っ飛んだ。見るも無惨な姿だった、ということです。

ですから今は、小さなミスというのは我々のところへ絶えず報告があります。自治会と企業との直接な公害協定までは結んでないんですが、塩浜地区の団体でそういう会を持っています。企業も努力してみえるのはわかりますから、事故が起きると「教訓」ということで同じようなことはやらないだろうと思ってはいますが、やっぱり小さい事故・災害は絶えず出てきますね。ダストから火が出たとか、どこからかちょっとガスが漏れたというような話は絶えずあります。そういったものに対応していくだけでも、自治会というのは大変なんです。今の方は、自分でなかなか解決しようとされません。人にやってもらおうとします。「自治会、何しとんのや」と苦情は多いです。「そんなに言うのなら自分でやれ」と言いたいくらいですけど、ぐっとこらえて「はい、わかりました」と言わなくてはならんですが。今日のような場所（土曜講座）へ出てみえる方は、十分そういうことを体験している方が多いと思いますが、なかなか自分から積極的に名乗り出てとか、自分が旗を振ってとかいうことはやりません。後ろの陰からちょっとついて行くだけでね。

濱口◉そうですね、自治会の役割というのはかなり大きいですね。いろいろ設備を整えたり行政に対してもいろいろ言わなければいけないということなんですね。今後についてですが、先日、事故が起きましたが、普段はコンビナートがあるのは当たり前で、何も起きない時は何も感じないですよね。ただ、起きた時には「アッ、やっぱり四日市は危険を常にはらんでいるんだな。コンビナートがある場所なんだな」という認識を、私も持ったんですが、それに関しての対策とか、今後に向けて何か考えていることはありますか。

佐藤◉それについては、地区ごとに、あるいは四日市全体でも南部工業地域の環境と安全を守るということで、関係のコンビナート企業中心に少し大きな企業と年に2回くらい会合もやっています。それも塩浜地区だけではなく、楠、河原田、日永の地区とで一緒になってやっています。最近はまた防災面で違う会合もできているようです。そういうかたちで絶えず取り上げてはいるのですが、会合に出てみえる会社の方は、会社でいえば「総務」の方です。文系です。だから、ある程度は勉強してみえる方ばかりだと思いますが、実際に自分自身が機械を操作したりする方じゃないので、ちょっと反応が鈍いんです。ですから、できるだけ直接対応できるような方に出てきてもらうような方向で進めています。

濱口◉今後という意味で、「四日市公害と環境未来館」が来年の3月に開館しますけれども、この資料館に関して何か望むことってありますか。

佐藤◉その前に、これまでの経過につきまして少しお話をさせていただきます。最初、四日市市は「四日市公害と環境未来館」を塩浜に持ってくると言ってきたわけです。それに対して塩浜が反対しているという話が通っていると思います。塩浜は公害に対する拒否反応を持っているんじゃないか。このようなことを新聞記者も私のところへ取材に来て言いました。実際は違うんです。たしかに、塩浜地区として四日市市長とか市議会議長に要望書を出しました。その際の理由は、現在ある塩浜のヘルスプラザ「北勢健康増進センター」に関係しています。あの場所はもともと公害患者がいた塩浜病院でしたが、それを日永の方に移転させました。公害患者がまだたくさん残っているのに病院だけ遠くへ持っていって知らん顔ではいけないじゃないか。もうちょっと健康を増進するように施設を作らなければいかん、ということで県と市が作った施設です。だからあそこにはプールやジムがあります。患者さんだけでなく、これからそんなふうにならないように普段から訓練をしておこうということを目的とした施設なんです。

これを赤字がたくさんあるから廃止して、そこへ公害資料館を持ってくるという話なんです。「それは認められない」ということです。むしろ、ああいう施設（ヘルスプラザ）はもっと一般の人が活用できるように、改善すべきであって、それを赤字だから廃止だという。7千万円ばかり赤字がある、というんです。四日市市立の図書館だって何千万円の赤字ですみますか。赤字に決まっているでしょう。「官」というのは「民」が儲からないところをやるんです。だから、はじめからあそこは赤字に決まってます。ただし、年間1万人という利用者があり、図書館とはちょっと違って利用料払っているんです。収入もあってその差額が7千万円というんですが、やり方次第ではその額は少なくなってきます。そのためには施設の改良とか手はあるはずですが、こちらがいくら要望してもおカネがないからできません。新しい器械も買いません。壊れたらそれっきりです。だから廃止しますということで進んでいます。

そういう理由だから、反対したんです。たとえば、東側にまだ少しスペースがありますから、あそこに新しいのを建てるとか。また、磯津の方は津波がやって来たら逃げるところもないですから「津波タワー」とか、新しいものを作ってくれるのなら塩浜に持ってきても誰も反対しません。しかし、市の提案がそういう状況だったから反対したということです。これを、皆さんにご理解いただきたいと思います。我々も苦労することがあるんです。塩浜はすぐ反対する、と見られたりしましてね。

濱口◉場所について「反対」と言われたのは、そのような考え方があったわけなんですね。では、その内容とか中身についてはどのようなお考えをお持ちですか。

佐藤◉公害資料館に対してはいろんな考え方がありまして、こちらも交渉しました。公害のことを発信するにはやっぱり大学。研究者もおるわけですし、発信するのに条件の整った四日市大学にもっといろんなことを移管したらどうかとか。四日市市西部の桜には国際環境技術移転センター（ＩＣＥＴＴ）があり、世界と交流しているのだから持っていったらどうか。また港の方へ作ったらどうか、そんなことを提案したんですけど全部ボツでした。だから、現在あるものでというと博物館ということになるわけですね。私はその時「あり方検討委員会」の委員になっていて、市側が事前にどうですかと言ってきた際に、「公害」ということだけでやるというのは、よほど四日市が力を入れてそれだけのスタッフを置いて、研究者も置けるんだったらいいけれども、今までの資料を展示するだけではダメ。もう少し、未来に向けて考えなきゃダメだと。今は、四日市公害というのは過去の問題になったという言い方をされる方もおります。実際問題「歴史的な事実」というかっこうで子どもたちが理解していくようになってくるから、今から未来へ向けてということが入っていないとダメです。　小学校に「資料室」ってありますが、今どき資料室置いている学校はあってもほとんどうまく管理できていません。担当の先生がいなくなるとすぐガラクタの置き場になってしまいます。塩浜小学校にもありましたが、今は物置のようになっています。

そういうことで、少なくとも未来に向けて公害であるとか環境の問題などを扱う。そうすれば毎年毎年新しい問題が出てくるし、予算をかけることもできるんじゃないかと思います。そういう方向性で、公害資料館というのは富山のイタイイタイ病とかありますから、十分交流しながら未来に向けて、みんなの知恵につながっていくようなものができることを期待しています。

濱口◉ちなみに佐藤さん個人が、主観でもいいのですが、この四日市公害から学んだこと、教訓というのはなんなんでしょう。

佐藤◉なかなか個人で思ったことをみんなのものにするというのは難しいですね。やはり、利害が相反するというのがいっぱいあるんです。自分の町内だけでも、ある企業と関わりをもつときに、「もういい加減にしてやってくれ」というような発言も出てきます。「おカネで解決するのならおカネもらうから、（会社を）許してやってくれ」そういう話も出てきます。企業さんの側も同じようなことを考えて対応し、ことを大きくならないようにしています。

福島の原子力発電所についても、自分の子どもが群馬におりまして聞こえてきます。群馬でも洗濯物を絶対外に干さないとか、群馬のものは食べないとかいう人もいるんですね。ところが、反対にみんな食べても死んでないから大丈夫やという人もいるわけです。その辺が、非常に難しい問題です。公害問題というのは。僕ももうちょっと年とって、亡くなる時にはもうちょっと言いたいことあるんですけどね、まだちょっと言うには早すぎるかなと思っています。

濱口◉いろんな企業も市民も行政もとなると、とにかくバランスが大事ですね。最後に自治会長として、一番何か苦労したことをちょっとだけ教えてください。

佐藤◉私はね、苦労はある面では楽しみなんです。パズルを解くみたいなものです。ですから、「佐藤さん、あんたご苦労さん、朝から晩までいろんなことに手ぇ出して大変やな」と言っていただくんですが、それはありがたいですけどね、自分のためにならないことはやりません。ケンカする時でも碁とか将棋と一緒で相手の内を読んでしなかったらケンカにならんわけです。私なんか人が悪いのかわかりませんが、ケンカする前には、まず相手の弱みを探します。逆に、自分の弱みは最初から出しません。最初から弱みを出すと向こうは防衛一方できますから、じわーっとやりますね。

私は子どもの時から中国へ行きまして、終戦になりまして、そこを切り抜けてくる時が小学校の4年生で、人に言わないことがいっぱいあるんです。たとえば、食糧不足でいかに食糧を手に入れるかという時、泥棒のようなこともやりました。これは人間が生きていく知恵なんです。大人のほうも、自分が行ったら大人だから殺されるかもわからん、それで子どもを使うわけですよ。もし捕まったらおじさんがもらいにいってやるから、こうやって行ってこい、と言って歩き方まで教えてくれます。雪の時なんかは真っすぐ歩いたらあかん。反対に後ろ向いて歩け。練習までやりました。わかるでしょ。歩いた跡が向こうへ行っていたら追っかけられます。反対に後ろ向いて歩くんです。そういう馬鹿なことまで、子どもの時に教えられました。そういう子どもの頃の経験があります。

自治会の役員をしていますと、いろんな問題があります。けれどやっぱり話をすれば、自分の姿で相手の人に接すればだいたいはなんとかなっていきますが、いろんな人がいます。今も塩浜街道の樹木の問題で一部改良にも反対する人たちがいます。あの木が一本でもなくなると公害が増えると思っている人もいるんです。そして、人間というのは、手を失なった人があった時代の痛みとか痒みを覚えているそうですが、それと一緒ですね。自分が過去に体験したことをいまだにずっと、何かあると写真みただけでも思い出すんですね。そういうことがけっこうあります。だからといって、黙っていたらわからないから、ちょっと時間かけてじっくり説明すると、ああそうか、というかたちで理解してくれます。要はしっかりと話し合いをするということだと思います。しかし、全く他人の意見を聴こうとしない人もいますが。

濱口◉それは公害問題につながっていくんですね。

佐藤◉会社の立場で考えてみますと、公害というのは中にいる社員が一番被害者になるはずなんです。だから、会社が考えてないということはあり得ないですね。大きな企業になればなるほど社員の学歴も高いし、勉強もしてみえた方ですから、よけい考えてみえると思うんです。そういうことで私は若干安心はするんです。軍隊とはわけが違います。それはつくづく思っています。

政治家はこれから憲法まで解釈変えてどこへでも行ってやれるとか、今の若い人は目の前だけ考えてかっこいいとか、韓国や中国と戦争したら日本のほうがどうのこうの、と言ってる人もいますが、それはバカな話ですね。戦争というのは全力を挙げてやって来ますから、その時に国力のある物量の多いほうがやっぱり勝つでしょう。日本なんかこれだけ人口が減ってきましたから、親が兵隊になんか出さないでしょう。それやったらあんた逃げな、と言ってどこかへ隠します。そんな状態でうまくいくわけはないので、やっぱり理解をきちっと求めなきゃいけないんですね。だから、感情だけにとらわれてはいけないですね。

何事も、問題というのは相手のあることですから、こちらだけの考えではいかない。向こうの考え方もみながら、そしてその間をとりながら進んでいかなければと思っています。

濱口◉あっという間に1時間20分くらい経ちました。佐藤さん、まだしゃべり足りないことは何か……。

佐藤◉いや、もうないです。（笑）

濱口◉では、ここまで、「塩浜からみた四日市公害」と題していろんなお話を伺いました。佐藤さんでした。どうぞ大きな拍手をお送りください。

（休憩）

会場1◉現在の塩浜小学校はコンビナートのすぐ傍にあって、危険だと思うのですがどうしてあの場所にあるのでしょうか。移転は考えられなかったのでしょうか。

佐藤◉もともとはもっと北西の方（塩浜地区の中心部）にありましたが、昭和5年に四日市市との合併があり、当時としてはモダンな校舎を七津屋町に建てて移転します。しかし、ここも昭和16年海軍燃料廠建設に伴って今の塩浜地区市民センターの場所に移転。さらにここが戦災で焼失し戦後、現在位置に移転します。ここは海軍燃料廠の工員宿舎があったのですがそのまま居座って、校舎を建て替えながら現在に至っているわけです。その時はまだコンビナートもできておらず、また川向こうの磯津地区の通学も考えてそのまま残されているというのが実状です。

小学校は自然災害時の避難場所になっていますが、道路一本隔てて昭和四日市石油があり、津波なんかがあればタンクが流れ出したりする危険性もあり、悩みのタネでもあるんです。

会場2◉ここまで自治会長さんとしてのお話でしたが、佐藤さんは教員を長くやってらっしゃったということなので、「先生」として四日市公害を生徒にはどのように伝えてみえたのかお聞かせください。

佐藤◉私は高校の地理の教員ですから、工場の立地の問題などを批判する立場にありますが、それも時間的には年間数回あればそれで終わりという程度で、具体的に取り上げて公害教育をするという機会はありませんでした。四日市の伝統産業などの授業をやりましたが、公害については一度も取り上げたことはありません。

会場3◉私も高校教員で佐藤さんとも同じ高校に勤務していたことがありますが、教壇に立っている者としては困ることがあるわけです。生徒にはいろんな会社にお勤めの親御さんがみえます。コンビナートにお勤めの方もいるわけです。そうすると、なかなか言いにくい面があります。でも、公害を批判する気持ちはありましたから、新聞に投書をして自分なりの思いは表現してきました。

公害資料館の場所について、外からみていると「塩浜地区が嫌ったな」という感じがしました。けれど、今日、その事情を詳しく聞きよく理解できました。結果的には、市の広報の写真などみると博物館でよかったんじゃないかと思います。ただ、現場に近い塩浜はやはりこれからも何かと助けてやっていただきたい。現地を見にきた人たちには説明や案内はしてやって、これからも塩浜地区で頑張ってあげてください。

佐藤◉資料館について場所は博物館でいいと思いますが、残念なことはいっぱいあります。四日市市は他所からきた人を受け入れる態勢ができていません。観光バス一台置く場所がありません。今度の博物館も文化会館でもそうです。市長に言ってあるんですが心配しています。

資料館ができてからも、「語り部」の依頼があれば、自分の知っている限りはちゃんとやりますよと言ってあります。他にも地元で協力していただける方はたくさんいると思います。決して塩浜が拒否してるんじゃないということを、ご理解願いたいと思います。

塩浜のヘルスプラザについては、自治会からもいろいろと要望を出しています。活用検討委員会を開いて欲しいと市に要望していますが、なかなか実行してくれません。また、皆さん方のお知恵やお力もお貸しください。

濱口◉今日はたっぷりとお時間ちょうだいしてお話をいただきました。塩浜連合自治会長の佐藤誠也さんした。どうもありがとうございました。

▼**感想…………濱口くみ**

予想通りというべきか、塩浜地区連合自治会の佐藤誠也会長が語る、塩浜地区の特徴や歴史は悲劇的なもの。紡績工場の進出に始まり、工場用地化、公害発生、二度の立ち退き要請と日本の発展の流れの中で掻き回されたと話す。最近の工場爆発事故にも触れた。

私たちは、何かが起きてからコンビナートの存在と危機を認識するが、塩浜地区住民は常にその危険と隣り合わせで、コンビナートと共に生きてきたのかと思うと心に苦痛を感じる。

また、佐藤会長からぽろりと出る本音が自身に響いた。

・他からの、声や行動は嬉しかった。

・勝訴判決に、初期の頃から地区の連合自治会長として公害問題に取り組んでいた父も喜んでいました。

・何でも、理解し合えないことはない。対話を重ねるのが大事。

他人の思いが、必ずしも住民総意と合致しないことは容易に理解できる。

しがらみや社会の構図から、地区一丸となるのも難しく、なかなか声が発せられない時に、客観的な視点で声をあげられる他者＝私たちは、他人事ではなく、もっと関心をもって関わっていく必要がある。この地にコンビナートがある以上、塩浜地区にすべてを押し付けず、できることを考えていく。

まずは意識の変革から。

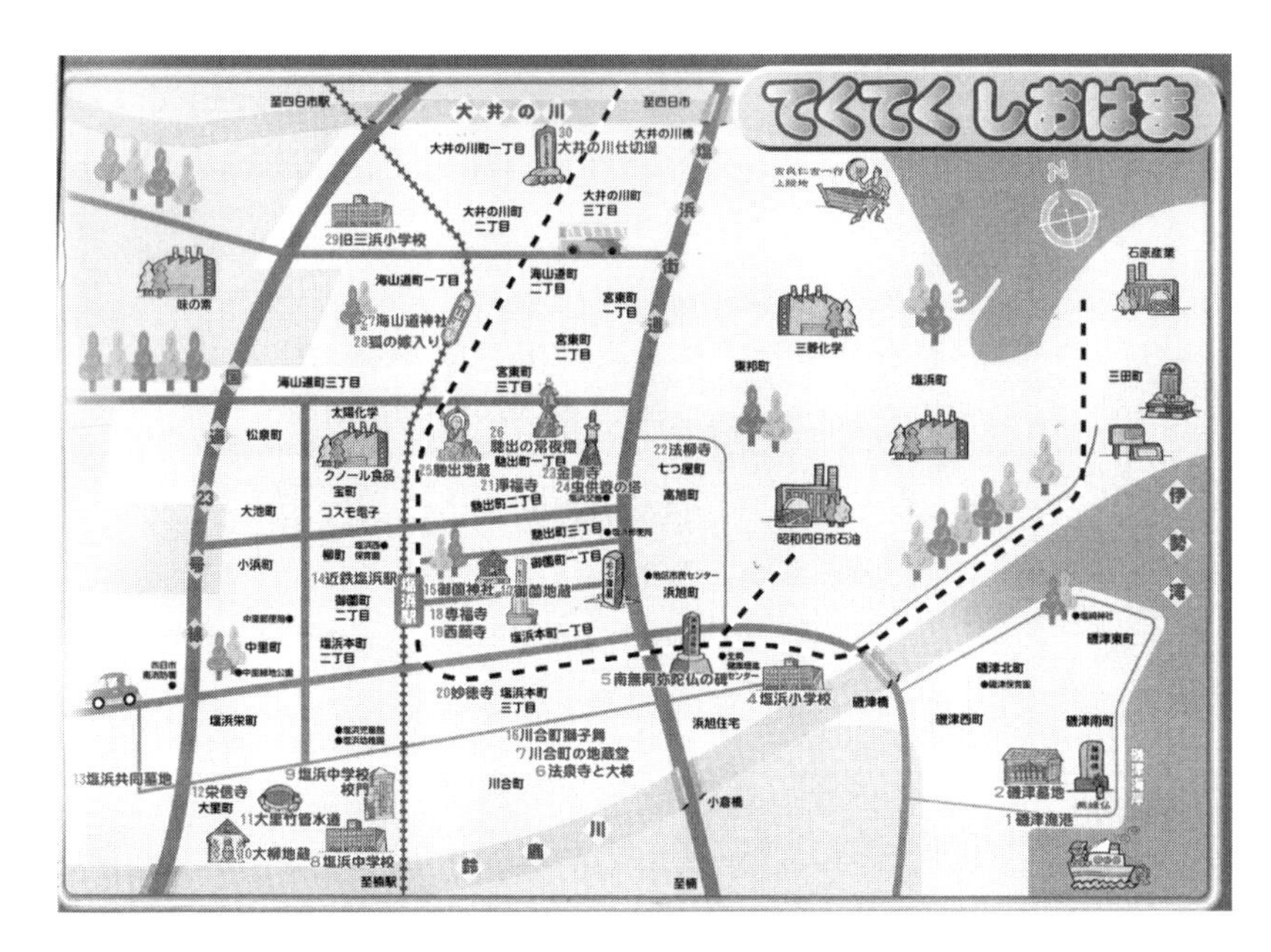

［参考資料］

四日市市塩浜地区案内しおり『てくてくしおはま』より（編集・発行者：塩浜まちづくり協議会、塩浜地区市民センター）平成26年11月発行

第4回（3月22日）

公害で我が子を失った母の思い

語り手◉谷田輝子（四日市公害患者と家族の会代表）
聞き手◉谷崎仁美（アクティオ株式会社社員・四日市市環境学習センター勤務）

谷崎仁美◉皆さんこんにちは。聞き手を担当します谷崎仁美です。よろしくお願いいたします。本日、お話を伺う谷田輝子さんですが、谷田さんは1972（昭和47）年に、四日市公害の認定患者だった尚子（なおこ）ちゃんというお子さんを亡くされています。今回そのことについていろいろとお話を伺っていきたいと思っています。

輝子さんは現在、菰野町在住ですが、昔は四日市に住んでいらっしゃいました。お若い時に一旦、四日市を離れて京都に住まわれて、18歳の時に四日市に戻られたということですが、最初にその時のいきさつとか四日市の町のようすをお話いただきたいと思います。

谷田輝子◉谷田輝子です。私は小学校の間は今の中部西小学校（旧第一小学校）でしたが、戦争にあっております。それで焼け出されて京都の方へ逆に疎開のようなかたちで引っ越しました。中学校・高校と京都で過ごしまして昭和28年、18歳の時にこちらへ戻ってきました。もともと家がありました西新地に戻って参りました。すぐに東海ゴムという会社に就職しましたが、その会社の隣に熊沢製油、四日市豆粕というのがありまして、すごいにおいがしていたんです。びっくりしました。それも公害だと言われれますと、ああそうだったのか、と思いますが。一日中においが隣からにおってきて、そんな環境の中で事務の仕事をやっておりました。

尚子ちゃんの苦しみ

谷崎◉そんな中で働いてみえたんですね。それで尚子ちゃんが生まれたのは輝子さんが四日市に来て10年後ということで、昭和38年1月12日ですね。ですから今、お元気でみえたら51歳となります。その尚子ちゃんですが、輝子さんからみてどんな子供さんだったのでしょうか。

谷田◉「死ぬ子」はいいことしか残しておりません。尚子を語る時は苦しんでいる姿が大部分なんですが、苦しんで、苦しんで……。発作が始まったのは幼稚園からですが、楽しいことをあまりやらせてあげることができなかったということしか思い出せません。でも、いい思い出をいっぱい残してくれました。苦しみがなければ、あの子は幸せやなあと思うことも多々ありました。家族中の愛情は、みんながかわいそうだということで、すごくかけた思いはあります。

谷崎◉尚子ちゃんに四日市公害のようなぜん息の発作がおこった時はどんなようすでしたか。

谷田◉5、6歳までは、というか幼稚園に入るまでは普通の子よりも太っていて、両親が割合ふっくらとしておりましたから、元気な子でした。それが幼稚園に入った頃にある日、ちょっと風邪ひいたのかな、風邪にしては長いが、ということから始まりました。そこから日数が空かない間に発作のようにして出るようになりました。

谷崎◉その時の尚子ちゃんの症状というのはどんなふうでしたか。

谷田◉もう、とにかく「ぜいぜい」言って寝られない、食べられない。すごく苦しそうに脂汗のようなものが額から吹き出すような感じでした。

谷崎◉こちらに尚子ちゃんの当時使っていた「よい子のノート」という日記のようなもののコピーがありますので、少しだけ読ませていただきます。「なわとび」というタイトルで書かれています。


私は、おととい天気がよかったので、外で兄ちゃんとなわとびをしました。私が1回とんでみたらとべましたが、兄ちゃんが、尚子はとばんときな、とぶとまたせきが出るのでやめときな、といいました。私はほんとうにせきが出るのかなと思いました。家に入って庭をみながら、また、ほんとにせきが出るのかなと思いました。そして、夜ねて夜中にほんとにせきが出ました。朝になってきのうの夜せきが出たので、きのうなわとびをしなかったらよかったかな、と思いました。


と、尚子ちゃんは書いています。運動は好きだったんですね。

谷田◉はい、活発な子でした。

谷崎◉でも、そのような尚子ちゃんが、ぜん息の発作が出ると外で遊べなかったということなんですね。

谷田◉ですから、運動会なんか一度も出たことありません。

谷崎◉日記には発作は夜出るということが書いてありますが、発作はだいたい夜なんですか。

谷田◉夜が多いですね。この日記、私久しぶりに読んだんですけど、発作は昼も出てますよね。

谷崎◉学校から連絡があったりすることもあったんですか。

谷田◉いえ発作が出るのは学校へ行くまでですから、その時はもちろん学校はお休みします。中途でしんどくなるということではなく、ひどいときはずっと朝からです。

谷崎◉今日の資料に当時の四日市の地図が入っていますが、その中に少し色が濃い部分があると思います。

そこが四日市公害の患者さんの認定地域です。この地域内に3年くらい住んでいると認定患者として認められます。谷田さんは当時、この地図の真ん中あたりの「旧市地域」と書いてある地域内の、まさにその中心部にお住まいになっていました。

先ほど、発作は夜出ることが多くて、学校も休みがちというようなことだったのですが、尚子ちゃんに発作が出た時には輝子さんはどういうことをされていたのですか。

谷田◉もちろん背中さすったりしてやります。横になっては寝られないので、お布団を積み上げて。家族は寝られないんですが、それを気にしながら背中をさすったり、とにかく楽になるように手助けをして発作が治まるのを待っておりました。

谷田尚子ちゃん（当時9歳）

谷崎◉先ほど認定患者のお話をしました。尚子ちゃんも認定されていたわけですが、認定制度についてはどうやって知りましたか。

谷田◉その頃は、私たちはぜん息が「公害」ということを全然知らなくて、いろんなところへ走ったり、病院も津の方まで行ったりしていました。近くに個人でやっておられるお医者さんがあったので、その先生にお世話になっていましたが、先生が「これはもう絶対に公害だから認定患者にしてもらったら」と言われたのが、2年生くらいだったと思うんです。それまでは、全然そういうことも知らなくて、ふつうにぜん息だけと思っておりました。

谷崎◉病院ではどういうふうに説明を受けたのですか。

谷田◉認定を受けても病状がよくなるわけではないが、「認定患者」にしたほうが治療費もかからないし受けておいたほうがいいって言われたわけです。
谷崎◉それで、認定を受けた後で引っ越しされてということですね。
谷田◉すぐには移っていません。亡くなったのが4年生の9月2日ですが、越したのはその前の5月の連休の時です。新しく土地を買うのにいろいろ探しました。市の方へも主人が行って相談しました。三重団地に土地が空いているがどうか、ということもあったんですが、私が車の運転ができないので、交通に便利なところ、電車の停まるところを、知り合いを頼って菰野にみつけてもらいました。それが普通の空き地じゃなく鶏を飼っていた方の空き地で、100坪くらいありましたがそこをきれいにして、土地も積み上げさらに家を建てるのにけっこう時間がかかりました。お金もかかりました。
谷崎◉お家を建てるときには他にどういうことに気を遣われたのですか。
谷田◉京都の頃の同級生が名古屋にお医者さんで来ていて、偶然だったんですけど、ぜん息の専門医だということが新聞の広告に載っていましたので連れて行きましたら「薬を飲んだりするより四日市を離れなさい。ちょっとでも離れて空気のきれいなところへ行ったほうがいい。それが、まず第一」ということを言われて、それで越すことになったんです。その頃はお金もなかったですし、すぐには行けなかったんですが、一生懸命頑張って菰野へ引っ越すことができました。
谷崎◉尚子ちゃんの日記には、発作が出た時におばあちゃんが看病していることが多かったというふうに書かれていますが、おばあちゃんのことで印象に残ることはありますか。
谷田◉「おばあちゃん」というのは私の母親ですが、私が商売をやっていて仕事の時は店に出ておりましたので、発作の出る夜中にずっと起きていると仕事に差し支えるということで、代わりにみてくれておりました。

四日市公害とのたたかい

谷崎◉では、四日市公害についてお伺いします。引っ越しをされて二ヶ月後に判決が出たわけですが、その時、これで四日市の空がきれいになると思われましたか。

谷田◉ぜん息や公害のことは本人が一番気にしておりましたから、テレビを見ていまして「勝訴」って聞いた時は「よかった」ということは言っておりました。それが亡くなるとは思っていませんし、自分の家に降りかかることとは夢にも思っていなくて、とにかく家を変わったらよくなる、体力が落ちていましたので体力つけようなどと考えていました。裁判のことがうちに関係があるとは思っていませんでした。

谷崎◉菰野に引っ越しをした後で、尚子ちゃんの生活に変化はありましたか。

谷田◉不思議なようにほんとに発作が治まったんです、引っ越したら。とにかく私の家の一日は、あの子が元気な時はハッピー、明るい日が多かったですが、あの子がちょっとおかしいなと思う時はみんな暗くなっておりました。けれど、菰野へ移って、あの子のために土地をカサ上げし、あの子の部屋を一番風通しのいい日当たりのいいところに、と父親が家を建てたものですから、うそのように治りましたね。

亡くなる一年前の写真がありますけどですけど、すごくやせておりました。それでも発作が治まったので、どこにも行ったことがないということで、四日市市のやってくれた夏期講習に、関ロッジへ初めて行きました。市役所まで送って行きますとバスが来ておりまして喜んで手を振って、あんなに喜んでって、私もすごく印象に残っていていまだに目に浮かびます。窓から手を振って喜んで出かけたのですが、帰ったらちょっと疲れが出たんでしょうね。楽しかったよって喜んでいたんですが、その後で発作が起きました。5月からはあまり出てなかったんですが、やり過ぎたしプールにも入って喜んで。プールなんてそれまで入ったことがないんですよ。それを喜んで入ってる写真をもらって、あれがやっぱりこたえたのかなとは思いましたが。

谷崎◉それで、尚子ちゃんは9月に亡くなりますが、その時の輝子さんのお気持ちというのを少し聞かせていただけますか。

谷田◉治療すれば亡くなることはない、とお医者さんも言ってくれていたので、亡くなるなんて夢にも思ってなかったです。これでよくなる、元気になるということでしたので。私より主人のほうが一番力を落としまして、何も手に付かずに家中がボーッとしてましたね。悲しいのを通り越して。悲しくなったのは一ヶ月経ってからかなあ。もう頭の中真っ白というのは、これがそうなのかと思うようなことでした。何も思い出すことができません。廊下から走ってくる、今でも走ってくるのかなというのがあるんですけど、そういうことばっかりで、とにかく落胆しました。死ぬと思ってない子が亡くなったから。呆然としたというか、悲しみはその後から徐々につのってきましたね。

谷崎◉お父さんがすごく気落ちされたということなんですが。

谷田◉すごく怒りましたね。「公害というのは、子どもの命まで持っていくのか」ということで、すごく。その時の市の職員の方はもう残ってみえないですが、市役所に怒って行きました。市に怒らなかったら、企業に言うて行くわけにはいかないので、それこそ気も狂わんばかりに取り乱しておりました。でも生活していかなければならないし。私はその頃からジーンズショップを始めていました。四日市では一番早くうちしかない時代でしたから一生懸命仕事して、働いて、泣いているヒマもないくらい。それに買いに来ていただくのがほとんど企業の方だったので、涙なんか流しているヒマはなかったです。

谷崎◉尚子ちゃんの他にもう一人息子さんがいらっしゃったということで、生活するためにはちゃんと働いて稼いでいかなくてはならないということだったんですね。

谷田◉ああいう状態になると女の人よりは、男の人の方がずっと弱くなってしまいます。もう食べていくことを考える余裕もないくらいでしたから。それからは私が中心になって、家庭というより生活をしていくために働いていました。

尚子ちゃんの元気だった頃をしのんで

谷崎◉そういうこともあってか、輝子さん自身はこの40年ずっと、四日市公害について全然お話をされてこなかったわけですが、こうやって皆さんに話をしようと思われるようになった大きな理由は何ですか。
谷田◉私を引っ張り出したのは澤井さんだと思います。東海テレビの『青空どろぼう』（２０１１年）の時がきっかけだったと思っています。私はそれでなかったらずうっとこのまま黙って、悲しいのは悲しいですけど、人さまの前でお話したりテレビに出るということはなかったと思います。でも、そういうきっかけがあって、40年経ってもういいだろうという気持ちも出てきましたし、企業の衰退もありますしね。それで言えるようになったんです。言い出したら止まらないくらいです。
谷崎◉きっかけは澤井さんのようですが、今は中部西小学校の学童保育とか、下野小学校に話に行ってみえますね。
谷田◉下野小学校には先生にご縁があったので行っております。
谷崎◉それで実は、下野小学校の子どもさんたちが紙芝居というか絵本のようなかたちで作ってくださっています。タイトルは「尚子さんの願い」です。学校の授業に四日市公害を取り入れて、当時の尚子ちゃんのようすとか、尚子ちゃんが息を引き取られてからのことを絵本にしてくれています。
谷田◉下野小学校で4年生の子に会った時は、尚子が亡くなった時がその年齢ですから、涙が出るくらいでした。いいなあ、元気でいいなあっていうのと、羨ましさ。子どもたちの姿を見ましたら、すごく感激しました。ほんとによかったと思います。ありがとうございました。

谷崎◉いろんなところでお話しする際に何か特に伝えたい、メッセージのようなものはありますか。

谷田◉お子さんをもっている方は、とにかく病気に負けない子に育てないかん、ということと、子どもたちも親より先に死ぬということがないように頑張ってほしいと思います。

谷崎◉それではこの辺で、今まで聞いてきたことの中でもうちょっと広げて、お話をしてもらいたいなと思います。尚子ちゃんが学校に行く際に、辛い時は輝子さんがおぶってというお話を伺っていますが、そういうことは頻繁にあったんですか。

谷田◉そうです。前の晩寝られなくても学校に行きたいという時は、学校が家から10分くらいのところにありましたから、おぶって校門まで行き校門で下ろして歩いて行って……。全教室から校門のところは見えるのでそこまで行って手を振って入るのを見届けてから、私は仕事に出かけました。何度もありました。続いて休む時もよくありました。雨の日はもちろん行けないし、天気のいい日はいいですけど、何度もおぶって行きました。でも運動会なんかは、お兄ちゃんは出てますけど、尚子には見せてやるとかえってかわいそうだから、私も行かなかった覚えがあります。だから、お兄ちゃんにも悲しい思いをさせていたと思います。

谷崎◉お兄さんは尚子ちゃんの二つ上ですね。よく一緒に遊んだりしていたんですか。

谷田◉両親とも商売で長い時間一緒におられないから、おばあちゃんといたんですけど、兄ちゃん、兄ちゃんと書いているので、きっと兄ちゃんが頼りだったんでしょうね。

谷崎◉尚子ちゃんの絵日記にも、お兄ちゃんと一緒に遊んだというようなこともいろいろ書かれています。この絵日記は夏休みの思い出で宿題になっていたものですかね。

谷田◉兄（＝息子）が言うんですけど、僕よりも僕の同級生が遊びに来たりしていたから、尚子のことを覚えていてくれているということを言っていました。男の子たちですけど。

谷崎◉どういったことがありましたか。

絵日記より

谷田◉学校では苦しんでるところをみてるわけじゃないですが、妹のぜん息のことを知っているだろうし、かわいい子だったからお兄ちゃんの友達もすごく気にしてくれたと思うんです。だから、いまだに、私が新聞やテレビに出ていると「尚子ちゃんのことね」と言って話をしてくれるそうです。兄の知らないことなんかも。

谷崎◉それだけ、尚子ちゃんというのは家族の中で中心的な存在であったし、周りのお友達にも慕われているすごくいい子だったんですね。

私自身は四日市公害について勉強したのが実は大学生時代くらいのことなんです。ずっと四日市に住んでいまして、大学生になって初めて四日市公害で人が亡くなっていて、その中には小さなお子さんもいたということを知ってすごく衝撃を受けました。また、それを知らなかったということも非常にショックだったんです。今、四日市にはたくさんの人が住んでいますが、四日市公害のことに全然興味がなかったり、そういうお子さんがいたということは知られていないのが実は多いのかと感じています。亡くなっている方のことはなかなかしゃべりにくい部分もたくさんあるのでしょう。

谷田◉認定患者にしてもらうと将来、お嫁に行くのにキズが付くとか、いろんな噂も出ておりました。それでもね、そんなこと言っておられないから認定患者にしてもらったんです。それで亡くなるなんてことは思っていません。病気というのは他に何にもありませんでした。親でさえわからないんですから他の人はよけいわからないと思います。

二度と公害犠牲者を出さないために

谷崎◉公害でなくなった児童の慰霊祭が行われています。尚子ちゃんの亡くなった年に尚子ちゃんの遺影も飾られて、何か覚えてみえますか。

谷田◉私が38歳くらいで、いまから40年くらい前ですね。昨年、三重テレビの番組で私が話してる場面が映っていました。他にも亡くなってる人がいたんですが、私の主人が「挨拶したら」と勧めたんです。今より緊張してたと思います。今みたいに厚かましいことない若い時だったし、緊張して。でも悲しみの一番深い時でした。その時、たくさん弁護士の先生にもお会いしました。

公害犠牲児童追悼集会

谷崎◉四日市市立の「四日市公害と環境未来館」が来年3月にオープンするということで、当時のことを話してくれるような語り部さんというのを、四日市市が養成していきたいと取り組んでいます。けれども、なかなか当時のことを「悲しみ」をもって伝えられるような人、谷田さんのような人がいないというのが課題になっています。谷田さんとしては他の人に話してもらうには何が必要と思われますか。

谷田◉若い人に言ってもらわないとだめでしょうね。私と同じくらいに子どもさんを亡くしている人は、同じように年をとっていますから、あの頃でもお話になれなかったから今でもよう話せないと思います。だから、何とか若い人に引き継いで、若い人はなかなか実感がわかないでしょうが、今後のために語って欲しいと思います。

谷崎◉公害犠牲者の合同慰霊祭が毎年実施されていますが、谷田さんはいつ頃から参加されているんですか。
谷田◉こういう話を皆さんにあまり話してない時は出てなかったと思います。塚田さんにずっとやっていただいていましたが、私の主人が「公害患者の会」の塚田盛久さんと仲良しで慰霊碑建てる時に市と交渉していましたが、私は全然出ていなくて、10年くらい前から出るようになりました。
谷崎◉慰霊祭ではどういうことを話されたりしているんですか。
谷田◉お話は若い人やいろいろな人がしてくださるので、私は開会・閉会の挨拶とか、終了後のお礼くらいです。それも最近するようになっただけで、はじめのほうはともかく参加するということでした。
谷崎◉最後になりましたが、会場の皆さんに改めて伝えたいことはありますか。
谷田◉そんなに改めて話すことはありませんが、こういう犠牲者がいたことを忘れてもらうのは非常に残念ですし、こういう子がいて親としてできるだけのことはしたと思っています。それだけは胸張って言えますし、いろんな苦難を乗り越えてやるだけのことはやったということだけは、皆さんも知って欲しいなと思います。わずか9歳でした、生きていれば今51歳になってるんですが、この前、同級生という方がみえておばさんになっていてびっくりしました。9歳といえば孫みたいですが、そこから後はみていないので、同級生みると涙がでます。そういう悲しい思いは私たちで十分ですから、子どもだけは立派じゃなくても元気でやってほしいと思います。
谷崎◉そんなふうに伝えていけるよう環境学習センターでも、公害学習をしっかり進めていきたいと思います。では、とりあえず、前半の谷田さんのお話を伺うのはこれをもちまして終了したいと思います。ありがとうございました。

（休憩）

会場1◉下野小学校の教員です。これは谷田さんに来ていただいた後に下野小学校の4年生の6人の子が、いろいろ話し合いをしながら作った絵本です。ちょっと読ませていただきます。話を聞いたのは4年生全員で59人です。子どもの表現ですので絵もつたなくて、文もおかしなところがあるかも知れませんが、タイトルも子どもが考えました。ふだんは僕もよく口を出すのですが、この時は何も言いませんでした。「尚子さんの願い」という題です。

「私は病気で学校をよく休みますが、このごろ少し元気になったと思います。2年生になるまでにもっと元気になりたいと思います」。これは尚子さんが1年生の3学期を終える時に書いた作文です。尚子さんは1963年、今から51年前に生まれました。しかし、そのころ工場の煙で四日市の空はどんどん汚れていきました。その悪い空気のせいで尚子さんは5歳で重い「四日市ぜん息」という、息のしにくくなる病気になってしまいました。その後、小学校に入学しましたが、ぜん息のため学校に行きたくても行けない日々が続きました。

ぜん息はよく夜にでました。発作がでるとせきがでて、息をしようとするとヒューッヒューッという音を立てることがありました。夜の間、ずっと眠れない時もありました。尚子さんは外で遊ぶのが好きでした。ぜん息をなおすために飲んだ薬や血管注射のため、心臓が弱くなりからだは細くなっていきました。

尚子さんたちは四日市から菰野に引っ越しました。尚子さんのぜん息をなおすためです。1972年の5月のことでした。お父さんもお母さんもお兄さんもみんなよろこびました。ところが尚子さんは1972年9月2日の夜、午前2時ごろ発作がでて「苦しいよ、苦しいよ」と顔をゆがめて、お父さんに助けを求めました。「注射、とうさん」と何回もつぶやきました。それが最後の言葉となりました。「元気になりたい」という願いはかなわなかったのです。

尚子さんが息を引き取って40年以上、母の輝子さんは誰にも話しませんでした。しかし、最近、尚子さんの作文ノートなどが見つかり、「尚子も伝えたいことがある」と思うようになったそうです。それで、私たちに尚子さんのことを話してくれました。もし、尚子さんがいま話すことができたなら、「公害をおこさないで、悲しいことがふえるから」「自然を守って、元気に生きてね」ということを、私たちに伝えたいと思います。

タイトルの「尚子さんの願い」というのは子どもたちの解釈です。「元気になりたいという願いは叶わなかったので」というのが「願い」でもあるのですが、「公害をおこさないで、悲しいことが増えるから。自然を守って。今を生きているあなたたちも元気に生きてね」という、これが尚子さんの「願い」なんだと。尚子さんの「願い」というのはこの二つにあるんだというのが、小学校4年生の解釈だと思っています。ありがとうございました。

会場2◉尚子ちゃんは発作で亡くなられたのですか。それ以外に病気を発症されたことはあるのですか。

谷田◉他の病気ではありません。発作で亡くなりました。ぜん息のみです。広い家で各部屋に一人ずついたんですが、この時は全員寄っていてその目の前で亡くなりました。その時はお医者へ連れて行けばまだ助かると思っていましたが、四日市まで出て行かなければならないので、車に乗せていけるような状態ではなくて冷たくなるのを私が抱いていました。

会場3◉私の子どももぜん息を持っていまして、発作が起きると周りの空気が足りないと言って泣いたですよ。発作が苦しいものですから、吸い込めないんですね。吸い込めないのか吐き出せないのかわかりませんが。今は元気でおりますけどね。ぜん息ってほんとにいやな病気だな、なりたくないなと思います。それくらい大変な病気ですね。

谷崎◉看護師さんに聞いたのでは、ぜん息は吐くのが大変ですが、さらにその分吸えないんですね。

会場4◉私は40年前、昭和47年にこちらへ来て四日市公害のことは知っておりました。鈴鹿におりますので、遊びに来る時、鈴鹿川を電車で渡ると強烈なにおいがしたのを覚えております。ちょっとかけ離れた質問ですが、実は「公害」という言葉自体が風化されて、今は「環境」という言葉で語られるようになっていますが、すごくきれい事に感じます。さらっと「公害」を「環境」という言葉に置き換えてどんどん進んでいるなと思うんですが、そのことについては谷田さんはどう思われますか。

谷田◉それはやっぱり「きれいごと」でしゃべるより「公害」という言葉は残してもらわないと。中国でもいっぱい出ていますし、日本だけと違って世界のためにも「公害」という言葉は残しておいてほしいと思いますね。

会場5◉谷田さんの話は過去に何回か聞かせていただいています。今日は対話形式というのもあったかも知れませんが、谷崎さんが「尚子さんが今、お元気なら51歳ですよ」と言ったあの言葉が印象的です。「あっそうなんだ、私とそんなに変わらなかったのだ」ということに気づかされて、はじめて四日市のことが身近に感じられたような気がしました。何回も四日市に来ていて今さら言うのも何ですが、聞いていて何かすとんと落ちる、自分に引き寄せてみた時にどうなのかということを感じました。私が尚子ちゃんであったのかも知れない、そういう可能性だってあったわけです。そんなことを考えるとすごくいろんなことを思ってしまいます。対話形式というのは一人の方がずっとしゃべっているのではなく、間(ま)があるわけですが、その間(あいだ)にいろんなことを思うという不思議な間合いのあることを感じました。

会場6◉二つほど教えてください。1点目は、尚子ちゃんは発作が起きて横になれないので布団を立てて、ということですがその方が気道が開くとか、発作が楽になるということなんですか。2点目は、ご主人の博昭さんがすごく気落ちされて怒ったとのことでしたが、旦那さんの頑張りについても少し教えていただきたいのでお願いします。

谷田◉横に寝るともっと発作がきつくなるし、お布団ひいて胸に当てることによって息がしやすくなるんでしょうね。だから尚子はぜん息にかかってから横になって長々と寝られる日はあまりありませんでした。発作は夏のほうが多かったように思います。

それから主人のことですが、あの子が亡くなってからは、これではダメだということで必死でした。それまではやりたいことをやっていましたが、自分が好きなことやってたから子どもに発作が出た、という考えを持っておりました。でも、家を建てる時は大工さんにつきっきりで、空気が通るように土地も上げたんですから。ほっとしたところで死なれたから、いっぺんに怒りが出たんだと思います。半分自分が死なせたような気分にもなっていたと思います。だからその償いの気持ちもあってよけい市の人にはきつく当たっていたと思います。

私はその間、おカネを稼がないといけないので一日中仕事をして頑張っておりましたから、あんまり主人の外での姿は見てないんです。自分も糖尿やらいろんな病気はもっていましたが、子どものことで必死でした。そして「一人であんなところへやっておいたらあかん、誰かが行ってやらなあかん」というようなことを常に言っておりまして、その7年後に亡くなってしまいました。

会場6（再）◉尚子ちゃん思いのお父さんだったんだなというのがよく伝わってきますが、どういうふうに頑張ったのか、例えば患者の会に関わって活躍されたようなことがあれば少し補足してください。

谷田◉私が携わるようになったのは割合最近なんです。ずっと商売に入っていて忘れて行くわけではないけれど、なるべく触れないようにしていました。主人は患者の会の役員もさせてもらい、財団や慰霊碑を建てる時にはすごく頑張っていました。徹底していたのは慰霊碑の事だと思います。自分も病気だったんですけれど。

会場7◉伊賀から来ましたが、伊賀に住んでいますと海もありません

患者の会の抗議行動

し、四日市公害についても教科書の中の話のような感じで過ごしていました。小学校の時の担任の先生が四日市から転勤してきたので、詳しい話を聞かしてくれましたが、そんなことがあったのかというくらいの認識しかなく他人事でした。でも、やっぱり三重県に住んでいて、自分も教員をしていますので、ナマの話を知っておかないと子どもに語れないなと思って受講させてもらっています。この講座では当時のようすを語ってくれる人がいる、特に今日はお子さんを亡くされたお母さんが話をしてくれるということで、自分も同じような娘を亡くした経験がありますので、ぜひ聞きたいと思って参加させてもらいました。

今日のお話は、しんどかったことが多かったと思いますが、お話をしてくれることで子どもを同じような目にあわせたくない、また、親より先に子どもを死なせてはいけないということなど心に残りました。こうしたお話はいろんな人たちに知っていただきたいので、できる限りお話を続けていただきたいなと思います。亡くなる場面や苦しむ場面とかを話していくのは辛いと思いますが、みんなに考えてもらって広がっていくようなことだと思います。これからもお元気で頑張ってください。

会場8◉年表を見させてもらっていますが、尚子ちゃんが公害にかかった時、私は13歳なんです。本当に貧困な家庭でラジオもなく新聞もとれないような状態で、13歳で父親が亡くなりました。ちょっとノイローゼの母親と暮らしていました。同じ頃、尚子ちゃんがこういう状態などとは全然知らなくて、塩浜なんかを通る時にそのにおいですごいなと感じた経験がありますが、谷田さんがお住まいの西新地辺りにそのにおいが流れてきて、これは大変だなと感じたのは何年頃なんでしょうか。

谷田◉磯津で公害が問題になってから煙突が高くなり、かえって煙がこちらへ流れるようになってからのことで、ちょうど尚子の発作が起きる幼稚園くらいの時かな。それも夜中に多いんです。お昼はまだよかったんですけど、夜になってくるとひどくて、さらに雨の降る前は完全ににおいがしていました。

会場9◉私は3人の子どもの母親ですが、早くに母を亡くしています。若い時は苦しい生活だったので、公害のことはなかなかわからなかったのですが、最近になってわかってきました。お子さんを大変な状態で亡くし、乗り越えられたというお話で、今日はいろんなことを教えていただきました。

谷崎◉尚子ちゃんがぜん息になったのは1967（昭和42）年ですから、ちょうど公害裁判が始まった年ですね。

伊藤（市民塾）◉尚子ちゃんが夏ひどかったと言われましたが、逆に磯津の方は冬ひどかったわけです。磯津は第1コンビナートと南北の位置関係になり、冬は北西の風が非常に強いので集中的に磯津でひどくなる。尚子ちゃんの場合、夏ひどくなるというのは位置関係が逆になるから。夏は南東からの風が北西に向いて吹くことが多くなります。さらに午起の第2コンビナートの影響も出てきているんでしょう。橋北の方にも患者さんが増えてきています。

会場10◉私が最初に四日市に来たのは2010年の7月です。JR四日市駅に着いた時すごくくさかったんです。この時も四日市の人が感じないって言ったのが印象的でしたが、私にとっては「ああ、これが四日市のにおいか」っていうくらいきついにおい。だから、今でも他所から来た人にとっては夏だと街の中でも、においを感じるんじゃないでしょうか。ケミカルなにおいですね。

谷崎◉においは鈍感になるもので、地元に住んでいるとかえってわからなくなるんです。

では、今度の公害資料館についても少しご意見をお聞かせください。

谷田◉今の田中市長に代わってから、私たちにとって非常にいい流れになっていると思います。「四日市公害と環境未来館」ができますが、これによっていろんな人に聞いてもらえる、見てもらえるということは、将来に残るので非常にうれしく思っております。皆さん方も見に行っていただきたいし、先生方は生徒たちを連れてぜひ参加してほしいと思います。

谷崎◉「四日市公害と環境未来館」では、谷田さんのようなに当時のことを知っていらっしゃる方々の映像をみるコーナーがあります。新しい資料館の特長です。ぜひご覧ください。

会場11◉公害認定患者についてですが、コンビナートの社員やその子どもさんに患者はいなかったんですか。

山本（市民塾）◉会社員は健康保険組合に加入していて、子どもについても当時は医療費は自己負担なしでしたので、コンビナートに勤めていた人や子どもはぜん息になっても認定を申請せずにいたと思います。社員は会社への遠慮とか健康保険組合でもあまり表立って公害病を出したくない、そんなこともあって表面には出てきていません。また、初期の認定制度そのものが国民健康保険に限定してスタートしていますから、コンビナートの社員が「認定」を気にしだしたのは判決後、おカネが動いたり公健法ができたりしてからで、最初のころはほとんど気にしていないと思います。

会場12◉判決後、磯津では被告企業に対して直接交渉が行われ、3ヶ月ほどかけて磯津の120人ほどの患者に総額6億円近い補償金が支払われました。さらにそれだけでなく市内全域の患者に補償をするようなことを企業が考えて、「四日市公害対策協力財団」をつくろうとしました。その時に患者の会がその内容について、すごい反発をして企業と交渉をしかかったわけです。場所は商工会議所ですが、交渉を始めたとたんに企業サイドが姿をくらませるという事態になりました。そこで患者の会の人たちが何日も泊まり込みで企業が出てくるまで待つという抗議行動をやりました。谷田博昭さんはその時に患者の会の代表委員をやってみえて、企業や行政相手に抗議をする、そういうことに尽力されていたという印象があります。財団は最終的には県と合意して締結しますが、その最終局面に県庁へ出向いて決着を付けられたということです。だから、あんまりご自宅ではそういう話はしていなかったんだと思います。

谷田◉全然聞いておりませんでした。私はお店で働いてばかりでした。主人は一見いかつい感じでしたから交渉するにはよかったんじゃないですか。まして子どもを亡くしてるわけですし。いっぱいすることとして借金して家も建てて引っ越したというのはうちくらいだったと思います。両方で頑張ってくれたからよかったと思います。

会場13◉今日の配付資料の「公害トマレ」に出ている「まささん」とおっしゃるのはお婆さまですね。尚子さんがお亡くなりになってからお婆さまは、どんな感じだったでしょうか。

谷田◉あの人が一番、世話をしてくれていたのに一番冷静でした。自分ができるだけのことをしたという気があったんでしょうね。親よりも何よりも自分がめんどうみたっていうことで、悲しいのは悲しいと思いますけど。まして、所帯のことは全部母親がやっていたので愚痴を言ってる暇はなくて冷静に、私たちを励ましてくれるくらいでした。

谷崎◉では、長い間、皆さんお疲れさまでした。最後に、長時間お話をいただきました谷田輝子さんに改めてお礼を言いたいと思います。ありがとうございました。

▼感想…………谷崎仁美

塩浜に生まれた時から住んでいますが、判決後10年以上経って生まれた私は、公害を意識することなく大学で勉強するまで無関心でいました。尚子ちゃんのことも、輝子さんに会うまでは知識として知っていただけの被害者でした。まだ、9歳だった娘の尚子ちゃんを四日市公害によって喪った輝子さんの心中は、私の乏しい人生経験では想像することしかできません。

裁判の判決、そして尚子ちゃんの死から今年で42年。当時の記憶はどんどん風化しつつあります。でも、輝子さんの話や日記帳に残った尚子ちゃんの思い出・記憶は、四日市ぜん息の被害を如実に伝えてくれます。私の技量不足もあり、今回の対談で聞き取れたのは、尚子ちゃんとの思い出の断片だけ。今後、輝子さんと話をする際には、今回触れられなかった輝子さんの思い出なども聞けるようにしたいと思います。そして、「亡くなった子供がいた」という事実のみでなく、将来にわたって、尚子ちゃんのような子を出さないためはどうすればいいのか、一人ひとりに訴えられるような話をしていきたいと思っています。

四日市公害犠牲者慰霊祭

第5回（4月12日）

公害患者として、原告として

語り手◉野田之一（公害認定患者・四日市公害訴訟原告）
聞き手◉神長　唯（四日市大学環境情報学部准教授）

神長　唯◉皆さまこんにちは。去年から四日市大学に参りました神長唯と申します。今日は野田之一さんのお話を聞かせていただきます。もともと私は専門が社会学（環境社会学）で環境問題が何故起こるのかということを、人間や社会の側から焦点を当てて研究しています。四日市公害の患者さんのヒヤリングとか、四日市臨海部の地域再生と防災問題について今後もそういう研究をし続けたいので、今日は野田さんとお話できるのを楽しみに参りました。

野田さんからお話を聞く前に、皆さまへのお願いとして一言。この講座も第5回で折り返し点になりました。この「四日市公害を忘れないために」市民塾・土曜講座は、最後に「つなぐ」というキーワードを使っています。今回は野田さんが、これまで原告としてまた公害患者として長らくご苦労されていますので、それらを会場の皆さまとともに、大切に引き継いでいければと思います。ぜひ発展的な質問、ご意見などを後半の方でお聴かせいただければと思いますのでよろしくお願いします。

今日、野田さんに主に次の3点ご質問したいと思っています。野田さんは非常にいろいろお話をしてくださる方なので、最初は磯津の話も少ししたいのですが、やはり一点目として、若くて健康体だったご自身のそれまでの生活ががらりと変わるような、公害ぜん息というのはどういうものであったのかということ。二点目として、四日市公害裁判の原告として、先頭に立って発言を重ねてくださっています。そのような原告としてこの裁判への関わりについて。そして最後の三点目に「つなぐ」というキーワードに結びつけて、ご自身が漁師をリタイアされて「語り部」として小学校に行かれて活躍されていること、そういった「語り部」としてのいろいろなお話。あるいは2015年3月に「四日市公害と環境未来館」もオープンしますのでそれに向けて期待することとか、あるいは「語り部」を続けてきて気づいた点などをご提案いただければと思っております。

まず、野田さん、83歳でいらっしゃいます。磯津南町で生まれ育って、今は漁師は引退されていますが、14歳の時から漁師をされています。30歳前後に発症されまして公害認定患者の3級です。では、これからお話を聞いていきたいと思います。公害が起きる前の豊かな自然環境の磯津というのはどんなところだったんでしょうか。

磯津で生まれ磯津で育ち

野田之一◉今、先生が言われたように磯津で生まれて磯津で育って、幸か不幸か公害という渦に巻き込まれて私の人生はとんでもない方向に展開をしました。まず、私の生い立ちから言えば、一漁師の息子として5人きょうだいの長男として生まれましたが、私の一生の中で今日のような場をもったことはない。こうして皆さん方に話をする機会をもてたというのは、公害が「仲人」になってくれたんだと思います。私の友達なんかは18人いましたけれど、もうみんな死んでしまって私ともう一人残っているだけです。

公害のなかった頃の磯津のことを話していきます。私らは小学校の帰りに夕方のおかずを取って帰るようなことをして、経済的に家の助けをしてみたり、川を渡って楽しんだりということで育ちました。あの頃は警察も学校の先生も何も怖いことなかった。だから学校の帰りになると、この時期ならナスビやトマト、瓜やスイカもできとるとね、誰もおらん時にちぎって取っても怒られなかった。子どものすることだから「お前らハラ減ったら食ってけ。その代わり持って帰るなよ。これは商売しとるんやから、お前ら持って帰ったら売れやんからな」とね。これくらい豊かな時に育ったから、自分としては心は大きいつもりでおります。

昭和40年代の磯津

昭和20（1945）年の11月に親父が、終戦のどさくさで腸チフスという流行の病気に罹って亡くなった。さらに看病していた母親にうつって明くる年の1月に死んだ。それまでは私の家は漁師をして船も持って人も使って、ごくありきたりな、裕福とは言えんけども中くらいの生活で、私としては何不自由なしに育った部類だったと思う。だけども、戦争に負け、物はなくなった、ふた親は死んだ、そして妹や弟がおる。こんな急激な変化がきてね、いわば子どもの自分が東京へぽんと放り出されて生活していくような感じやった。ええこともしたし悪いこともしたが、私の夢としては何もなくなったけれど、親の後を継いで一人前の漁師になろうということだけは頭の中にあった。10

歳頃から親父に漁の話を聞いたりして覚えたと思います。

私の名前はね、親父が「どうせ何も教えてない子どもだから、名前もむつかしいのでなく簡単で書きやすいようにと、筋4本引っ張れば名前になるということでこんな名前「之一（ゆきかず）」になった。そしてもう一つ、まじめな話でいくと、私の家は4代磯津におりますが、女ばかりで新家（しんや）がなくて男が生まれたのは私が初めて。それで親父としては私にずいぶん期待をもっていて「これ（之）一人や」ということもあって名前を付けてくれたようです。

私の家も終戦までは6軒分の敷地があったし田んぼも塩浜駅の付近に6反ありました。14歳で初めて漁師をしたが、昔から漁師というのは一人前になるまで4年くらいかかる。だから私は人の半分から6分、7分、8分という具合で約5年かかって一人前になった。その間に5人の子ども支えていかなくてはならんのだから……。親の貯金も少しはあったと思うけれど、はっきり覚えてなくて、気がついた時には何にもなかった。祭が来ても鉢巻き締める元気もなかった。まあ、そんな家庭で育ったわけです。

終戦が来て、国が再建のため四日市の海軍燃料廠の跡地にコンビナートの誘致をしてくれた。だから、この誘致の話が出た時に磯津の町とか四日市の市民はね、私と一緒でみんなずいぶん喜んだと思う。この田舎に名古屋みたいな大きな工場が建って、大勢の人が四日市に集まってくる、そうすると俺たちの獲ったエビやカレイはとんでもない値で売れると。だから大金持ちになるし、四日市は盛んになると大変喜んだ。今日も四日市の人もみえると思うけども、私らと一緒でコンビナート来るのに大賛成やったと思う。だから私はコンビナート建設の時は早く作ろうと思って、漁師の合間に暇をみては一生懸命になって土方もやる、そんな毎日を送ってね、一日でも早く作ろうと考えてました。その工場が結果としてはこんなたれ流しみたいな工場になった。付近の住民が生活できないような「公害」というろくでもない言葉が生まれるようなところになってしまったということです。

神長◉その時から朝は漁に出て、それ以外の時間を工場建設の仕事に行かれたということですね。

野田◉当時の漁師はもの凄く儲かったから。朝方、石原産業の辺りでアサリを捕っていると8時からラジオ体操の音が聞こえてくる。当時サラリーマンは月給10万ももろとらへんだやろうけど、その時間だけで1000円くらい儲けとったでね。このままいくと貧乏人が大金持ちになるぞというような気持ちでおりました。

「ぜん息」患者となって

神長◉「これ（之）一人」というのは「期待された長男」という意味ですが、不幸にもお父様が亡くなられた後に一家を背負って、早く漁師として一人前になろうと努力されてきたということですね。小学校の頃から体が大きくて非常に健康だったわけですね。

野田◉体重は最高の時で85kgくらいあったし、身長も180cmくらいはあったでね。健康には自信があったし、自分でいうのもおかしいが伊勢湾の漁師の中では人に負けないくらいの漁師のつもりでいた。ところが、コンビナートができたためとんでもない目にあった。中部電力の排水口の封鎖から始まって、こんな「公害」なんていう不幸な言葉ができたんです。

神長◉たしかに20代の頃は右に出る者はいないという、根っからの漁師という感じでしたね。体格も小学校の時から他の人より一回り大きく、健康第一というか、もともと健康体だったという感じで。あまり病気はされなかったのですか。

野田◉私は「公害」で初めて病院へ行きましたが、その病院で10年間入院してました。

神長◉いわば公害病になった32歳くらいから42歳くらいまで、その10年間ずっと入院していて、なかなか漁には出られなかったということでしょうか。

野田◉それがね、不思議な話でね。聞いたらそんなバカなというかもわからんが、（当時）県立の塩浜病院に入院しておった。公害という名のもとに「認定制度」ができて、市が医療費は出してくれた。だけど生活費までは出してくれない。生活がかかっとるから入院しながらも働かないといかん。

病院で看護婦さんに注射を打って治療してもらわないことにはもとに戻らんという恐ろしい病気になった。でも漁があるから医者や看護師さんが「野田さん、朝3時やでね、漁に行って来なさいよ」と起こしてくれる。私らは鳥羽沖から伊勢沖まで漁に行くから3時に起きるとそこへ行けるんです。（沖合いへ行くと）四日市より空気がきれいやった。だから、晩まで働ける。そして、家に帰ってきて飯食って風呂入って体さっぱりするとなんかモヤモヤしてきて発作が起こる。そうすると病院行って注射を打ってもらうと治る。それで3時に起きるということを病院の先生も看護師さんも見て見ぬふりをして漁に出してくれた。ところが、一般の患者は「ぜん息患者はええなあ、昼は働きに行けるし、晩になるとクーラーの効いたところで寝て、先生とも友達みたいにつきあいしとる」と、ずいぶん妬みがあった。

だけど、よく考えてみれば、後になって裁判まで起こして白黒つけるようなことをしなくてもよかった。もっと早く、こんな被害が出たことを国のえらいさんが知ってくれたら、問題は起きなかったと思う。だから、「四大公害」と言って世間中が騒いでいるけれども、私らは日本の国が栄えていくことに何の力にもならなかったが、こんな病気になってでも陰ながら日本の発展を支えたかと思うと、どことなく「なごむ」というか、穏やかになれるような気がします。

神長◉当時はぜん息発作が起きるとかなり苦しかったわけですね。

野田◉一番ひどい時はいつ夜が明けていつ夜が暮れたのやらわからんことがあった。太い注射器にいっぱい薬を入れて看護師さんが打ってくれる。そうすると何かここからすうっと抑えられて、いっぺんにええ陽気が戻ったような感じがして引いていきよった。なんで俺がこんなえらい目にあわなあかんのんかと思ったこともある。だけど、国がよくなるのなら仕方ないわなと……。私らの大きくなる過程は大日本帝国主義の時代でね、天皇陛下バンザイって言うて死んでいった人もおるのやから、そんな教育受けとるから、日本のためならしかたないわ、そういう諦めがあった。

でも、この公害が起きて裁判起こす時点で、企業へ行って「こんな変な病気が出て苦しいが、おまえとこの操業しとるガスが俺んとこへ来とるのと違うか」と聞くと「うちは知らん」と。「国が操業してもよいと言ってるからしとるのやから、お前らに文句言われる必要はない」と。それで隣の会社へ行ってみてもみんなそう言う。6社に回って行ったが、みんなそういうて返された。次に役所へも行った。まず市役所へ行ったところ、「国がしているのだから市は知らん。国がいいと言っているのやから……」。県へ行っても同じようなことを言うておった。

支持する会発足（1967年11月30日）。右から6人目が野田さん

ところが、そうやって苦しんでいる時に、澤井さんやいろんな方たちが協力し合ってくれて、「日本の国は法律があるのだからいっぺん法律で訴えたらどうや」と。裁判ですわな。これは誰にも権利がある。苦しんどらんでもええ、人間に変わりはないのや、と。日本の国の憲法は誰でも健康で豊かな生活を送っていく権利がある。だから、負けることはない。裁判しなさいという勧めがあったんです。それで9人が裁判やったんです。弁護士の先生が名古屋から病院へ来てくれました。忘れもせんが、雪の降っている夜の8時か9時に裁判を勧められた。

私らは助けてくれる人ならとワラをもつかむ気持ちやったけど、でも待てよ、こんなうまい話はないぞと、家へ帰ってゆっくり相談してからということで親きょうだい、親戚が寄って話をしたんです。そしたら、返って来た返事がこんな答えやった。「お前ら単純に弁護士、弁護士っていうて喜んどるけれども、天下の三菱や昭和石油相手にして裁判しても勝ったためしはない」と。「よしんば勝っても裁判はカネが要るし、大企業だからメンツにかけても控訴、控訴と続いて、お前ら死ぬまで控訴されるぞ。その費用も今はカンパを集めてやってくれるけれども、控訴しとるうちにわずかな田地田畑（でんちでんばた）も取られてしまう。おまえ裁判したけりゃ籍抜いて単独でやれ」と。親きょうだいからでもこんな答えが出た。

だけど、その当時の私らとしては「そうか、親きょうだいにまで見放されるのなら、ええい、やってみよう。裁判に負けたらダイナマイトでも持ってきて会社に放りつけたらええがや。そして死んだらええ」というくらいの気持ちで裁判したんです。だから今、「あんたら裁判するには勇気があった」とか「英雄」とも言われるけれど、そんなきれいなものじゃない。私らとしては、死ぬまでこの病院で、病室の窓から眺めると硫酸やガスがどんどん出ているところで、煙がもくもく出るところで一人死に二人死に、中には苦しんで自殺する者も出て、こんなかたちでみんな死んでいくのやったら、最後の望みとして、たとえだまされてもええから弁護士の言うこと聞こうやないか、と考えて裁判をやりにかかったの。当時、磯津の患者としては２００人近くいたが弁護士の先生が言うには「この裁判は一般の裁判と違って短期間で立証しやすい、はっきりした患者だけを選んでやらなければいけない」と。約半年くらいかかって、若い人間、年寄り、男、女というようなかたちで９人が選ばれた。それでその９人が原告となって裁判をやったわけです。

神長◉そうしますと、野田さんは若い男性の代表みたいなかたちで原告のおひとりに選ばれたのですね。

野田◉いま言った通り、生まれてから病院に行ったこともないし、医者にかかることもないし、健康そのものやった。工場建設に行っても倒れないのに、工場が操業しだして何かスモッグとか煙とか、おかしなものが出てきたら病気にかかった。はじめは、なんか風邪ひいたみたいな感じで、風邪が重くなったかな、まあそんな感じでしたが、それが「四日市ぜん息」の始まりです。

神長◉最初は風邪のような発作というかぜん息症状が出て、徐々に、これはもしかしたら「ぜん息」なんじゃないかと、医者からも言われたということですね。

野田◉私は5月頃から風邪ひいたようになって、咳が出るし、おかしいなと思いながら明くる年の6月までは家にぶらぶらしていたけれども、咳が出て苦しかったりする。健康体だから医者にも行かずにいたが痩せていくし、咳くし、苦しい。そんな患者がいっぱい出てくるから、「おまえも工場の毒ガスにやられとるぞ」と。それで病院へ行ったら「公害ぜん息」と言われた。その頃、珍しいものだから各国から医者が来て、私ら健康診断受けました。ところが病院で病室におると健康で、家に帰って発作が起こった時はぜん息患者。それでその外国からの先生も「ぜん息」には間違いないと言うて帰っていった。そういう覚えがあります。

ある時、院長さんと押し問答したことがある。発作が起こっている時にね、私も無鉄砲やったから、その苦しい時にタバコを吸う。タバコ吸うのは悪いに決まっとるわな。それが院長さんに見つかった。「お前なあ、ぜん息患者がタバコ吸うなんて何思っている!」。その頃は私も負けん気が強いから「お前が九州から来た院長か、偉い人なんやな。タバコが悪いというのやったらあの煙突から出とる煙は、俺の吸うタバコの何倍の煙出しとる。タバコが悪いというのならやめたる」と。もうその日からタバコも酒もぷっつりやめました。その時30歳、もう60年近くになります。当時の医学というのは遅れとった。でもまあ、私らは生きるか死ねかの思いもしていたし、強情者でもあるからほんとにその一言でタバコはやめました。

神長◉ちなみに空気清浄室では吸えないでしょう？　隠れて吸ってたんですか。

野田◉いやいや、空気清浄室で堂々と吸うとった（笑）。タバコ吸うのはね、口の中へ入っていくだけ。あの大きな煙突の何十本もあるとこから、ボンボン出ている煙はどれだけの害がある。俺のタバコが「1」だとすると、千倍も二千倍もあるやないか、あれが止まったら俺がタバコやめるより簡単に治るやないか。俺の気持ちはそんな気持ちやった。

公害裁判には勝ったけれど

神長◉さすがに私も今まで聞いたことのないお話でした。では、話が少し戻りますが、裁判を起こすということで9人の原告のお一人になって、津地裁四日市支部の判決では「勝訴」となりました。野田さんはいろいろお考えがあって、有名な「まだ、ありがとうとは言えない」という言葉が出たと思うのですが、そのあたりのことについて今一度教えていただけますか。

野田◉当時の私の気持ちとしては、理屈でいうと裁判長さんの言うように「勝った」。勝ったけれども工場はまだそのまま操業しとるやないか。当時は先のことはわからんから私の言い分としては、裁判には勝ったけれど「損害賠償」で勝っただけであって、理屈では勝ったけれど工場は止めていないやないか。だから応援してくれている全国の皆さん方に、「ありがとう」というのはおこがましい、と。勝っただけで煙が止まるわけはない、と。当時はそんな気持ちでね。応援に来てくれている人たちが東京や大阪という四日市の見えないところに住んでいるから何もわからんけど、俺らは裁判に勝ってもここにおるのやから、この工場がどいて（移転して）いくか煙突にフタするか、どっちかにせんことには「ありがとう」は言えない。こんな意地っ張り強情っぱりのような気持ちで言いました。だけど、今考えると失礼な話ではあると思いますが。

その「ありがとう」というのはね、難しいんですよ。澤井さんなんかにもよく言われます。「おい、野田君、もうそろそろ、ありがとうと言うてもええのと違うか」と。一昨年の「40周年」の時にも言われたし、あらゆる学者からも言われる。でもね、「ありがとう」っていうのは「工場の煙突なくせ」というような大きな意味になっていくんですよ。そして、今ここで私が「ありがとう」と言えば、中国やモンゴルでボンボン煙がまだ出てるやないか。四日市は煙が収まったからありがとうと喜んでいる。でも、よく考えてみると人間のしたことによって一番迷惑したのは、自然界の植物や動物。動物は羽根や足があるから逃げていくが植物なんかは根が生えて芽が出て動けない。だから一時はみんな枯れてましたよ。考えてごらんなさい、植物は何もここへ工場建ててくれって頼んだわけではない。こういうこと考えるとね、人間は自分ら勝手にしておいて、自分らが文句言うて、自分らだけ助かったら「ありがとう」と言うのか、と。だから、「ありがとう」というのはね、正直言って、三途の川を渡った時に言いたい、これが私の本音です。

神長◉「三途の川」を渡った時ですか。なかなか重い言葉をありがとうございます。今日会場の皆さんにお配りした資料の中にも「判決がはじまりや」という野田さんのせりふが書かれています。やはり、そういった意味を抱えながら野田さんは生きていらっしゃるということですよね。親戚とかに反対されつつも、これしかないということで裁判をやってこられて、先頭に立ってリーダーとしていろいろ発言されていますが、こうした行動を支えているのはそういう思いなのでしょうか。

判決の日も煙突から煙が

野田◉「発言」っていうとおかしいけどね。私は何も知らんの。小学校6年生までしか行ってないし、社会も何も知らん。もし、このまま漁師で成功していたら、それだけの人間です。たしかに、魚獲るのは上手になるし、健康でもある。でもね、この公害のお陰でね、大学の先生と対等で話ができる。そして、常識ある皆さん方に聞いてもらって一緒に勉強できる。ということはね、私にとって本当に、自分の命と換えてもいいくらい価値のあることなんです。だから、自慢じゃないけど、磯津へ帰って一般の人が言い合いや問答をしていると、その時に私の顔みると「野田さん、どう思う?」と聞いてくれる。
私がこういう学問のある人たちと一緒に勉強させてもらった、ということね、これは一人前の漁師にはなれなかったかも知れんが、私の人生にとってはとんでもない「宝物」に巡り合わせたという喜びを感じています。皆さん方に挨拶されると「おお、こんな偉い人がもの言うてくれるなあ。世の中変わったんかなあ。こんな偉い人と話ができるのかな」と思って、自分が天狗になって賢くなったような気になります。

神長◉以前お聞きした時に、入院している時は漁に出られないこともあって大変だったが、船長さんとしていろいろやってらっしゃったと伺いました。

野田◉漁師は50年やりましたけど後半の10年20年は公害と闘いながらしていたのだから、本物の漁師はできなかった。けれど、最盛期には、サラリーマンみたいに人に使われて何の楽しみがあるのか、俺らは自然の中のものを素手でつかんで、こんなええ天職はないなというくらい漁師には向いていました。だけど、今言ったように道徳や社会をこういう人たちに教えてもらったということは、何物にも代えがたい。あれこれ考えると、私はこっちの人生のほうがよかったかなあと感じています。

「語り部」として伝えたいこと

神長◉現在、漁師さんはリタイアされていますが、「語り部」として小学校に行き始めて、次世代と言いますか小学生にいろいろお話になっています。きっかけは何だったのでしょう。

野田◉今でもそうですが、「語り部」から聞くのが初めてで下調べをしていない学校へ行くと、「四日市公害って何?」という。これではいかん、と。公害というものはものすごくひどかった。本当に前も見えないくらい空が暗かったし、苦しくて自殺する人も出たような時もあった。それを四日市の人が知らんということはとんでもないこと。そして、生き物が生きていけないような地球にしてもらっては困る。それをまずこれから大きくなっていく子どもたちに知ってもらわなければいかん、と思っています。

日本が戦争に負けて立ち直るために、こんな犠牲払って地域の住民が苦しんだ、と。これは生き証人としてみんなに伝えていかなくてはいけないこと。仮に工場が成功して日本が世界一の大国になっても付近の人間が死んだら何もならへん。みんな仲間の地球だから、この地球が壊れたら住んでいくところがない。だから、そういうことがないように。ちょっとした、わずか1年か2年の間違いで、40年50年かかって努力してやっともとに戻ってきた。こんな楽しい地球は二つとないと思うので、これからの子どもに「こんな苦しい思いもあった。お前ら今はコタツに入ってアイスクリーム食べながらテレビ見ているけども、俺らは海辺に流されたものかき集めて焚き火しながら焼き芋焼いて食ったぞ」と。お前らのクリームの味より俺らの焼き芋の味の方がよかったかもわからんぞ、と。そういうことを子どもらに教えてやるのもええかと思って話しています。

神長◉市民の方とは何か温度差みたいなものは感じますか。

野田◉公害というやつは、はやり病や花粉症と一緒で、敏感に感じる人間と感じない人間との差が大きすぎる。感じない人が多いから関心が薄い。もっと感じる人が多かったら花粉みたいに騒ぐ。そういうことで知ってもらうために小学校に行っています。でも、今の子どもは偉いよ、真剣に私の話を「ぜん息ってそんなに苦しいの」と質問してくれるからね。素直でね、今の子どもは違うなと思いますよ。

神長◉将来を担う小学生には少し期待ができそうということでしょうか。

野田◉「語り部」活動を始めてからもう十年以上経ちます。当時の子どもがおとなし、四日市へ来てくれました。5年生の時に勉強しましたが、今は大学行って学校の先生してますという子が訪ねて来てくれたんです。小学校の先生たちはこんなことで楽しんでるのやなと、わしらは先生の楽しみまで味わえます。

神長◉小学校での公害学習の「語り部」活動では、子どもたちの反応はなかなかよいという感じで、しかも野田さんのストレス解消にもなっていると伺ったのですが。

野田◉ええ、それはあります。何も知らん子どもがね、公害で苦しんだ私らの気持ちになって聴いてくれるのは、私はうれしいです。

「公害資料館」への願い

神長◉今の四日市はたしかに、見た目は改善していますが、克服したと言うには難しい面もあります。今でも患者さんたちが地域の中で生活しているわけです、野田さんをはじめとして。現在、四日市は「四日市公害と環境未来館」ができるということで、少し動きが出てきているように思うのですが、四日市市民に向けた提案とか、特に関心を持って欲しいと思うようなことはありますか。

野田◉四日市市としては、今までは工場の従業員がいるからか、それともその人たちに遠慮してかあまり言わなかった。またこれまでの市長さんは企業に遠慮して何も言わなかったけれど、今の市長さんははっきりと言いなさる。そして「四日市公害と環境未来館」を作るということで勉強してみえる。私らはもう80歳にもなるからあした死ぬかもわからん。死んだら誰もやってくれないから、あんなのができれば書いた物が残るから勉強してもらえるので、大いにええ事ではある。

正直言って、昔と比べると四日市の市長の公害に対しての意識というかイメージが、かなり正当化されてきた。工場の毒で冒されるという苦しい時があったという意識がみんなありますよ。当時、私らが四日市の人に「どうか裁判起こしますから頼みます」と言うてもね、そんなもの川向こうのことで、1000人中の10人やないか、と。裁判は四日市の発展のためによいことない。そんなことというのは四日市ではお前らぐらいのものや。そんなこと言われたことがあった。でもね、今は「公害」ということを四日市の市民は素直に受け止めていると思う。だから博物館にできるというのは、私らに言わせれば「博物館乗っ取り」ですよ。博物館の方も、何も言わんと気持ちよう受け入れてくれるということは、「公害」に理解があったんだと、私は解釈しています。四日市も公害というものには、だいぶん、抵抗がなくなってきたのだなと思います。

神長◉では、いい意味でタブーではなく話せる時期になってきたと…。

野田◉そうです。昔は本当に「公害」はタブーでした。四日市ではね。でもね、今は過去のことやと思ってね、四日市市民も平気でしゃべれる時が来るだろうと私は思っております。

神長◉そういった意味で、「四日市公害と環境未来館」が2015年3月にできるのですが、展示などの中身が大事だと思うんですね。さっき野田さんがおっしゃったように一番いい1階と2階を乗っ取ってしまうわけですから……。

野田◉それについては、個人的な話になりますがはっきりわかってるので言いますけどね、「市民兵の会」というのが初めからバックアップしてくれて、特に澤井さんなんか一生懸命になって写真を写したり資料を残したりしてね、50年もの間みんな積み残したものがどっとあります。今こうやって話をするのでも、誰にもわかるようにして配付資料を作ってくれるということで、私は心強く思っています。だから、資料館ができた時には、この人たちが作ったことを役所の人がちゃんと受け継いで、みんなにわかるように並べてくれると思うから、私は安心してあの世へいって来ます。

神長◉四日市市への熱いメッセージが送られたように思うのですが。「四日市公害と環境未来館」ができることに野田さんが期待をされてい

小学5年生への公害学習

るということでしょう。また、野田さんや澤井さんに続くような「語り部」とか、自分で経験していない方を「解説員」として育てていこうと四日市市は考えているようですが、そのあたりでお考えのこととか何かございますか。

野田◉いや、そんな難しいこと考えなくてもいいの。ごくありきたりの、昔はね、ここは萬古焼と漁業と農業しかない町であったけど、四日市にコンビナートが来た。大きな世界一のコンビナート。それで住民が苦しんだけども、環境をもとに戻して大きな工業都市になった。こんな自慢ができるようになったら嬉しいと思う。

神長◉四日市市も「環境先進都市」という大きな目標を掲げているので、その一つとして「四日市公害」を少しでも発信していけるような場として「四日市公害と環境未来館」になればということでしょうか。澤井さんや市民兵の方など支えている人も多いと思うのですが、野田さんとして、50年以上語り続けてきたご自身として、最後にもう一つだけ言いたいという提言のようなことがありましたらお聞かせいただきたいと思います。

野田◉澤井さんたちとは50年も一緒におって、ただのいっぺんもケンカしたことないですよ。だからね、市民兵の人たちは兄弟以上の気持ちでつきあっています。私らは漁師やから現物主義でね、何か報酬を求めないとはっきり返事しないけども、この人たちは無償で家庭のことも顧みず、朝から晩まで走り歩いている姿を見るとね、世の中にはこんな固い真面目な人もおるのやな、と思う。一年や半年なら誰でもするけども、40年50年も一緒に付き合って本当に頭が下がる思いです。私らみたいな無学な無鉄砲な人間とね、ケンカもせんとずうっと付き合いしてきた。長い月日やったなと思うが、仲良うしてます。

神長◉ありがとうございました。「野田節」というのでしょうか、聴いているとつい時間が過ぎてしまいました。後半は会場の皆さんも聴きたいことがあると思いますので、第一部としては一旦終わりにしたいと思います。

（休憩）

会場1◉私も野田さんと年齢が近いので四日市の公害の一番ひどい時を知っておりますが、野田さんは現在、発作は起こらないんですか。

野田◉まず、大丈夫やと思います。

神長◉今でもけっこう薬は飲んでみえますが、毎日どれくらい飲んでますか。

野田◉一日3回でね、11種くらいかな、これでも前と比べるとずいぶん減りました。

会場2◉教師ですが、今年5年生を担任することになりまして、知り合いがこの講座のことを教えてくれて参加しました。自分も四日市公害を教える前にもっと知りたいと思って、今日を大きいきっかけにしたいと思っています。そこで一つお聞きしたいのは、地域をよくしていく運動を進めてこられたということで、公害のことは昔はタブーだったという話でした。親戚にも反対されたということですが、その時のご苦労とかお話いただきたい。また原告となってよかったこと、あるいは話していくことで地域をよくしていけるとのことでしたが、その点についてもお願いします。

野田◉公害というのは自分の「ふるさと」が悪くなったぞということを宣伝するのと同じで、私らが一番初めの頃、四日市の自治会長とか民生委員に話をもっていくとね、「これは待ってくれ」と。1000人中の一人やないか、と。我々は公（おおやけ）の会で市民全体のことを考えるのだから、こんな個人の話を取り上げることはできないと、こんな話が多かったです。だから今、はっきりいうとね、この「市民兵の会」の人たちでも、今は四日市在住かも知れんが当時は名古屋とか桑名……四日市じゃない人ばっかりでしたよ。四日市の人は知らん、と。口では「気の毒やなあ、かわいそうやなあ」と言いながら、自己主義というか、田舎的っていうかそういう気持ちがあったですね。

だけど今は違いますよ。こうやって皆さんと話しているとね、何か過去の話しとるみたいな感じがする。当時はこんなことは言えなかったけれども、今は平気で言えますもの。そういうことと違いますか。

会場3◉四日市市民です。先ほどの質問の中に発言しにくいという点についての意見がありました。今の世の中が公害に関しては発言しやすくなったとしても、原発などに関してはなかなか声を大きくは出せないというのは一緒だと思います。当時、野田さんたちが闘って来られたのは、今みたいにインターネットもなく、人の声を集めにくかったと思うのですが、どうやっていろんな人の声が、市民兵の方たちのように集まっていけたのかというのを教えていただきたいと思います。

野田◉結局、公害問題というのは、学者さんのすることであって、学問的にはみんなやってくれた。私らでは公害が悪いと言ってもどういう風に悪いのかと言われると反論のしようがない。でも学者の先生は、利用する人は幸せだけども煙突の煙を受けて苦しんでいる人には害になると言います。原発ですが、あればあったで国が豊かになるし、我々も恩恵に浴している。だから、悪いところを見ると反対だと言えるが、でも黙って推し進める国がある。それと一緒でね、公害問題も、日本が豊かになったのは産業のお陰だから、ある程度理解してもらわないとあかん、と思う。昔みたいに田んぼで稲刈ったり、魚釣ってきて生活していたら貧乏な日本のままやったかもわからん。今ではコタツの中に入ってアイスクリーム食っているような生活ができるというようなことがある。だから、やっぱり公害が悪いって頭から言えないのと違うかな。公害が起きたからこんな世の中ができたということ。だけど、被害者にしてみればそれどころの騒ぎじゃないというのが本音だと思います。

行政機関に望むこと

神長◉今後、どういうふうに四日市公害を伝え続けていくかというのは、いろいろな課題を抱えていると思うのですが、その辺りについてもう少しお話いただきたいと思います。たとえば四日市市とか、三重県はもう少し関与した方がいいとか、どういうふうにお考えですか。

野田◉三重県はね、何か初めから公害はよその国にあったっていう感じでした。今の知事さんでも公害の「こ」の字もまるっきり言うたことない。三重県は、愛知県か岐阜県で起きた問題くらいにしか考えていないのと違うかな。でも総量規制は三重県が一番最初に敷いたんだからこれはこれでよしとせんならん。昔、県の環境審査会というのがあって出たことがあるが、大内山のどこかでｐｐｍがどうだとか、牛の糞がどれだけ流れたとか、宮川の水が濁ったとかの話が多くて、当時の四日市の話が出ませんでした。四日市の話をするのは名古屋大学の先生だけど、学者だから科学的な話が多くて我々のような住民の苦しみというような話は出ません。三重県としてはもう少し、自分とこの県で起きた問題と思ってやってくれてもええと思います。

神長◉この問題に関しては小回りのきく四日市市という方が動きやすいと思いますが、四日市市に対しての要望がありましたらお聞かせください。

野田◉これは難しい問題ですよ。役所というとね、「これダメやないか」って言うて行くと、自分が担当していて不利になってきた場合、「私は今年着任したばかりだからわかりません。これから勉強してよくします」。決まってこの返事です。これが役所というところです。聞こえていくと耳が痛いかも知れんが。今日、来ている人はわざわざここへ聞きに来るのだから違うやろけどね。三重県も同じ事。四日市で騒いどるが県まで言うて来ないから知らん、それは四日市の問題や、と言うに決まっている。「遠い親戚より近くの他人」ということをわしは感じている。

神長◉「四日市公害と環境未来館」ができるということで、三重県からの関与もあるかも知れません。四日市市は頑張ろうという動きは感じられます。今後はますます市民に向けてアピールしていかなければならないのですが、それに関して何かお考えがあればお聞かせください。

野田◉資料館は現実にできるのですが、私の理想としてはコンビナートの近くで作って欲しかった。それだと窓から工場の煙突などがよく見えて説明しやすいでしょう。でも、四日市の街の真ん中にあると特別に勉強せんならん、知らないとこから来るとイチから勉強や。また、大都会の真ん中での資料館となると役所の人が融通してさばいていくのが非常に難しいと思いますよ。

神長◉たしかに海に近いとコンビナートが見えてイメージが湧きやすい、住宅地とコンビナートが接しているのもわかりやすい。一方で、博物館のある場所は駅から近いという点で行きやすいということもあるかと思います。この辺りをどう結びつけるのか、四日市市の課題かも知れませんね。

会場4◉東京から来ました。感想と質問が一つずつあります。私もずっと気になっていた「ありがとうの意味」を今日は野田さんの口から聞くことができてとてもうれしかったです。生き物のこととかを考えると簡単に「ありがとう」なんか言えないんだ、ということ。これは水俣の公害の話の中で出てきたんですが、緒方正人さんという漁師の方の言っている言葉とすごく重なります。同じような事を考えていらっしゃる。緒方さんは『チッソは私だった』という本を書かれて、「自分が被害者であることは間違いないが、被害者としての権利ばかり主張していていいのか、もっと生き物のこともいろいろ考えなくてはいけないんじゃないか」とおっしゃっています。その言葉が今の野田さんの言葉と重なったかなと感じました。

次にお聞きしたいことですが、漁師さんの生活についてです。水俣では網元・網子制度というのがありましたが、水俣病が起きたことで崩壊していきました。もちろんそれだけが原因でないとは思うのですが、四日市や磯津の漁師さんには網元・網子制度はあったのでしょうか。もしあったとすればそれが四日市公害の発生でどう変わったのか。漁師さんたちの仕組みとか漁のあり方について教えていただきたいと思います。

野田◉磯津にもコンビナートがくるまでは網元・網子制度はありました。だけど公害以前に、日本の国をよくするためということで、防災とか地震対策などで海岸線を愛知県と三重県が奪い合いのようになって伊勢湾のかたちを変えてしまった。それで地域の小漁(こりょう)ができなくなってしまいました。それというのも、なにがしかの補償金で漁師の権利（漁業権）を国や市が取っていった。私が漁師していた頃には赤須賀（桑名）の灯台から長太（なご・鈴鹿）の灯台の下までは磯津の権利でした。ところが今は赤須賀から吉崎（楠）までは大きなタンカーをつなぐ港域として取られてしまった。

だから、小さい漁法では食っていけんのでバッチ網漁に変えて網元・網子ではなくみんな平等になるようにしました。10人とか5人で固まって漁船を一艘持ってバッチ網で、回遊魚つまり夏は暖流に乗ってくるイワシとかカタクチイワシ、冬は寒流に乗って北から来るコウナゴなどを捕る。それまでは愛知県や神島までは行けなかったのが、国の指導で漁法が変わったわけです。それとともに網元・網子制度はなくなっていきましたが、誰も不平は言いませんでした。自然とそう変わったのです。

それとともに湾内の魚の動きも変わったのですが、中部国際空港なんかは「伊勢湾の子宮」とまで言われた魚の住み処(か)でした。木曽三川（木曽・長良・揖斐）から雨水が流れてきて、ちょうど今、空港になっているところに突き当たる。そこで雨水と海水が混じってプランクトンが発生し、大きなスズキからクロダイまでが育ったんです。だから漁師はあそこを「子宮」というくらい喜んで漁をしていた。ところが国の、日本の政策のため中部国際空港なんていう大きな名前のものをつくったから漁師はお手上げ。漁師は飛行場ができたからええじゃないかということが先に走って、自分の漁場がなくなってしまった。私も漁師やめているから言えるけども、私が漁師やっていた頃は350人くらいいたが、今は40人くらい。もう漁師は完全に消滅していきますよ。若い人間は日雇い労働者になって出て行く。350軒あった漁師の家も120～130軒くらいしかない。空き家ばかりになっています。漁師はあと10年ももたんでしょう。

忘れてはならない「四日市公害」

会場5◉漁法が変わったという理由の一つに海洋汚染との関係で魚が油くさくなって、捕っても売れないというお話を聞きましたがもう少し詳しくお願いします。

野田◉まず第一に漁師が減った原因はそれです。昭和38（1963）年の（中部電力）三重火力発電所の水門閉鎖から始まってます。中電が工場ボイラーの冷却水を四日市港の汚れた海水から取って、排水を鈴鹿川へ流したんです。それで魚がくさくなった。それは灯油を魚にかけたくらいくさかった。コウナゴなんか回遊する魚を捕っても油くさくて食えなかった。その時に富田に住む平田市長のところへ持って行った。「いっぺん食ってくれ」と言ったら、「わかっとる、とても食えないから、オレのポケットマネーで買ってやるから二度と来るな」と言われて帰りました。中部電力の排水口の時は田中覚という三重県の知事さん呼んで来て、排水口の水から出てくるウナギを捕ってかば焼きにして知事に食わしました。知事さんは「とても食えるもんじゃない」と言って顔しかめて逃げた。ところが中部電力の社員さんは「おいしいやないか、ウナギのかば焼きや」と言って食った。そのような時があったんです。

現在も風評被害ということで、磯津の漁師が四日市の港で捕った魚でも磯津では売れないので、鈴鹿の白子まで売りに行きます。そうすると四日市で捕った魚が鈴鹿の魚になって売れる。ところが漁師というのは昔から妙なしきたりがあって、よそ者は1割安いの。鈴鹿の漁師は50円でも磯津の漁師は45円ということでだんだん漁師が減っていった。そして、今はもうくさくないのでも誰も食べてくれない。磯津の川なんかボラがぼんぼん飛んでますよ。時たま桑名の方から巻き網が捕りに来ますが、それは赤須賀のボラになっていくわね。そしたら四日市の魚でなくなる、ということで（魚は）もとをただせばわからんことですよ。

会場6◉四日市の場合、公害患者さんはたくさんいるのにいつも話をしていただけるのは野田さんお一人なんですが、どうしてなんでしょうか。

野田◉原因も何もないけど、四日市で公害患者っていうと人生の落ちこぼれみたいに思われる。患者であってもそれを隠したがる。現在、救済金もらっている人でも名乗りをあげてくれません。最近の磯津の現状は東西南北4町あって組ごとに面倒見る役員さんがいたが、この一年で3人が死んで私一人が残っているだけ。誰かに頼んでも誰もやってくれない。何もしなくても同じようにカネはもらえる。私は今こうやってしゃべっているが言うて悪いこと、聞いて悪いこともあるから憎まれる。だから憎まれたくないから出てこないと思います。本当に四日市から公害をなくすためにはこれではあかんのだけど。

現在の磯津漁港

神長◉市としても心配な、新たな「語り部」が増えるのはなかなか難しそうですね。何かそのヒントのようなものはありませんか。

野田◉もう四日市には「呼吸器疾患」で病院に行ってる人はおらんのと違う？　ぜん息というとね、カタの悪い病気やね。私もね、公害ではあるけれど、ぜん息って名前聞いた時ぞっとしたもの。でも、苦しいの通り越すと、こんなもんに負けてたまるか、という気持ちになって頑張っています。

会場7◉野田さんのように患者さんがいて、そして澤井さんのように周りに支える人がいて、また無関心な人もいて、そして加害者がいて、そんな四つくらいの構造になるのかなと思って聞いていました。患者さんの中には自分がぜん息ということを打ち明けることもできず、今も暮らしているということを聞いて、その方の気持ちも考えることが大事だと思うのですが。患者さんだけでなくみんなが健康で幸せになる権利がある。みんなで幸せになっていくために自分たちに何ができるかということも考えていますが、野田さんから見て、みんなが幸せになれるためにはどうしたらいいのかなあというのをお聞かせください。

野田◉それはなかなか現実は難しいですよ。これはたとえ話ですが、磯津には昔から防風林の大きな松がたくさんあった。これが伊勢湾台風や公害でみんな枯れた。それを磯津の篤志家が一人で松の苗をこつこつと植えていた。現在15、6本か20本くらい残っていてもう10年も経つからよく育っています。その苗木を盗んで家に植えている人がいたんだから、世の中そんなもんですよ。みんながええ人やったらこんな苦労しなくてもいい。そう思います。

神長◉どうもありがとうございました。野田さんのお話は止まらないというか、笑いの中にいろいろ示唆を含む厳しいことも入って、まだまだお聞きしたいこともあるのですが、本日はとりあえず終わりとさせていただきます。皆さま長時間にわたりお付き合いいただきましたこと、御礼申し上げます。野田さん、本日は貴重なお話をありがとうございました。

▼感想………神長　唯

２０１３年春、四日市大学環境情報学部に着任し、ほどなくして土曜講座の計画があるからと「聞き手」の打診を主催者から受けた。「やっとお役に立てそう」と一瞬ほっとしたものの、対する「語り手」はかの野田之一さん。「待てよ、本当に私でよいのか!?」と正直戸惑いを隠せなかった。

振り返れば、四日市公害患者への聞き取り調査や、臨海部の地域再生にかかる諸研究に9年前から携わって以来、野田さんについて何度、見聞きしたことだろうか。そして、いつ聞いても重みのある体験談。その最たるものである勝訴判決直後の名言「まだありがとうは言えない」に対し、壇上で野田さんの「聞き手」となったその瞬間ですら、踏み込むべきかは大いに悩んだ。

事前の打ち合わせ（これも十分おもしろい！）とはいささか異なる展開、惜しげもなくあふれ出る珠玉のようなお話。そして極めつけが「（世の中の現状を踏まえたら、自分が感謝を述べるのは）三途の川を渡る時」の新名言誕生。「聞き手」としては内心、ひたすら焦りつつ進行していたことはここだけの秘密である。

子どもたちに語り継ぐ

第6回（4月26日）
コンビナート労働者と「反公害」

聞き手◉武山浩司（会社員・四日市公害解説ボランティア）
語り手◉山本勝治（市民塾「語り部」・元コンビナート勤務）

武山浩司◉武山と申します。本日はよろしくお願いします。まず、本日の「語り手」山本勝治さんをご紹介します。現在は市民塾の代表をされております。四日市公害の「語り部」が３人いらっしゃいますが、そのうちのお一人です。１９４３年４月に三重県の伊賀市に生まれ、現在71歳です。工業高校卒業後の１９６２年に四日市のコンビナート企業に入社されましたが、この年は公害判決の10年前となります。ゴムの原料を作る技術者として企業にお勤めでしたが、その傍ら反公害の運動にも関わっておられたということで、そうした角度からもお話を伺いたいと思っています。よろしくお願いします。
　次に簡単に私の紹介をさせていただきます。１９７２年、ちょうど判決のあった年ですが、２月に岐阜市に生まれました。現在42歳で会社員です。もともとは重電系の変電所などで仕事をしていましたが、現在は半導体工場に勤めておりまして半導体のテストを主にやっています。

それではまず、四日市のコンビナートのだいたいの位置関係を示したいと思います（スライド映写）。一番南に被害の大きかった磯津地区、そこから上（＝北）に第1コンビナート、第2コンビナート、第3コンビナートと並んでいます。（左側＝西に）赤丸で囲った「会社」というのが、勝治さんが勤務していたところだと思いますが、内陸部にも工場が多くあります。コンビナートって実際にどんなものかというと、煙突の煙は夏場だとあまり見えませんが、冬場には水蒸気なんかが入りますので白く煙が出ています。

勝治さんは1962年にこの内陸にあります、日本合成ゴム（現JSR・1957年設立）に入社されて2000年9月まで勤務、石油からブタンという気体そしてゴムの原料をつくる製造現場の管理部門、研修所などに在籍、つまり石油化学工場のゴムを作るプラントの技術者でした。そして、1970年の「第1回公害と闘う全国行動」に参加、1971年に「四日市公害と戦う市民兵の会」に参加するなど、企業人でありながら反公害運動に関わってきたというなかなか珍しい経歴の持ち主の方です。現在は本講座の主催であり、四日市公害を語り継ぐ活動などをしている四日市再生「公害市民塾」の代表をなさっています。

それでは質問をしていきますが、まず最初にコンビナートの企業に就職されようとしたのはどういう動機があったのでしょうか。

石油化学工場の実態

山本勝治◉特に意識して石油化学工場に入社したわけではなく、当時、高校を卒業して二、三決まっていたのですが、何となく新しくできた石油化学ということ、また知り合いが若干いたということもあって、偶然四日市の会社を選んだというだけのことです。

武山◉入社当時はどのような業務をされていたんでしょうか。

山本◉日本合成ゴムというのは工場の半分はゴムの原料（ブタジエン）を作り、後の半分でゴムを作っているような会社です。その最初の原料を作る脱水素課で働いていました。ブタンなどから脱水素反応をさせてブタジエンを作る工程で、非常に騒音が激しいのとよく事故の起きる危険な部署でもありました。

武山◉石油化学工場といいますと、原料自体から石油とかガソリンとかナフサとか可燃物を扱っていますから危険な面もあったと思います。四日市公害で問題になっているのは亜硫酸ガス（SO_2）なんですが、今お聞きしたブタジエンの製造工程においても亜硫酸ガスは発生するものなのですか。

山本◉基本的には全然関係なくて何も発生しません。ただ、日本合成ゴムというのはエネルギー使用量の大きい工場で、内陸部のコンビナートとしては最大です。自家発電を持っていて、最初は5000キロワット（kw）くらいで4基ほどの発電機を順次使用していきますので、多い時には工場の中で一日5万kw／hの発電をします。そのために燃料の重油を大量に使っている、そういう工場です。

武山◉では、そういう意味で発電に使う重油から亜硫酸ガスが出ていたということですね。当時のJSRの工場では従業員は何人くらいでしたか。

山本◉僕の入社した頃はどんどん設備を増設していっている時期であって、四日市工場で最大1600人くらいになっています。ただ、コンビナートの直接の運転員というのは事務系とか研究開発を除いて、現場の人間は従業員の3分の1くらい。その人たちがさらに4班の3交代で

日本合成ゴム誘致記念碑

すから、常時工場の中にいるのは150人くらい。夜中なんかもその程度の人たちで工場は運転させています。

武山◉当時も爆発などがあったというお話でしたが、石油化学工場はタンクや配管、可燃物もありますので非常に危険を伴いますが、爆発以外にどんなトラブルがありましたか。

山本◉労働災害というのがけっこう多かった工場でもあります。コンビナートに共通していますが、最初の頃は油がこぼれて足を滑らすとか階段から落ちるとか、建物も装置も大きいので転落事故とかぶつかるとか、しょっちゅうありました。さらに薬品をかぶる、目に入れる、手にかぶる等の薬傷などの災害も非常に多かった。コンビナート各社で情報交換をしていて他の工場の情報も目にすることもありましたが、労働災害の多い工場だったと思います。

武山◉労災も多かったということですね。扱うものはプラントや機械も大きかったと思いますが、配管などはどのくらいの規模のものになりますか。

山本◉ガスはプラントの中で液体にして流れていますが、ガスそのもののかたちで流れている場合は直径1メートル20センチとか1メートル50センチくらいの太さのガス管です。重油を燃やして、パイプの中を通るブタン等のガスを直接650℃くらいであぶるわけです。触媒を通してブタンという物質を添加して10％あまりのブタジエンができるだけ、そんな工程です。

武山◉可燃物とか650℃になっているものを扱っていますと、プラント自体の緊急停止とかがある場合、対応がすごく難しかったと思います。当時は落雷とかがけっこう多くあったと聞いたのですが、そんな時の緊急停止の状況なんかはどうだったんですか。

山本◉交代勤務というのは朝の7時から午後3時、次の班は午後3時から夜の10時ですが、午後の3時頃よく落雷があって停電をする。ちょっとした電圧降下でも全工場が止まってしまう。そうすると反応中のガスや液体はそのままの状態で封じ込めるとか、あるいはフレアスタックへ抜いてしまうか、どちらかの措置をしなければいけない。フレアスタックというのはよく炎を上げているのが見えますが、ガスを燃焼させて捨てる装置なんです。ガスの通っている配管は1メートル20センチほどもありますから、それを閉め切りますが電気の停まっている装置を人間の力で閉めるのはすごく時間がかかる。とてもじゃないがすぐには閉まらない、何人かで交代しながら閉めたり開けたり、そういう措置を夕立なんか降るとびしょ濡れになってやっていく。勤務終える時間帯の午後3時になっても次の勤務の人たちとダブるかたちでやっていく。そんな勤務形態が強制的に行われていて、従業員は対処させられています。

武山◉プラントが大きくても交代勤務だと実際の製造現場にいる従業員は非常に少ないわけで、緊急事態が起きるととても大変です。私の勤める企業でも電気が停まるとすごく損失が出る状態になっています。電気というのは現代の生活では欠かせないものになっていると思います。ただ、公害があった当時は発電などに使われる重油で亜硫酸ガスが出てしまった。四日市では後々それを克服していくことになるんですが、電気の大切さは感じました。

それで、入社した頃に四日市ではだんだんと公害の被害者が出てきたわけですが、企業に勤めている者としてどんな感じを持ったのでしょうか。

「反公害」運動への参加

山本◉僕は工場に入る前からある程度意識的に社会運動とか政治運動に関わりもありました。石油化学の工場に勤めることになり、全国の化学労働者の小さいグループとか頑張っている人たちと交流したり、団体に出入りしたり徐々に顔を突っ込むようになっていました。工場の中でも労働組合運動などに参加していき、自分の身の安全を守るような面もありますが、一方で社会運動とか政治運動にも関心があってそういうところに顔を出していました。

武山◉それで「四日市公害と戦う市民兵の会」にも参加をしてということですね。

山本◉そうですね、化学工場に勤務していながら、四日市の公害問題に対して知らないということは通らない。そんなことで関わりを深めていったわけです。

武山◉そういうふうに企業に勤めながら反公害の運動に関わっていけば、当然、企業から給料をもらっている、そういう立場でありながら反公害運動をするということは、会社に楯を突くというか恩を仇で返すというような感じがするのですが、反公害運動をするにあたって罪悪感みたいなものはなかったのでしょうか。

塩浜駅でビラを配る労働者

山本◉いや、特にありません。むしろ、おおらかにどんどんやっていこうという感じで、罪悪感は持っていません。むしろ、やることが企業をよくしていくことにつながっていく、社会をよくすることにつながっていくという意識のほうが強かったです。

武山◉それはすごいですね。企業に勤めていますと秘密の事項がありますし、内情を外に出せないなどの問題もあります。「内部告発」っていうのがありますが、なかなか表立っての行動はできません。私もこうやって参加していますが、最初は市民塾さんと関わりをもって、一緒に話をさせてもらう前には、会社にこれ知れたらどうなるのかなあと思いながら参加したわけです。会社側には別に話してなくて、個人的に参加させてもらっているのですが、そうやって考えると、勝治さんが信念に従ってということだったのでしょうが、今よりも逆に自由だったのかなという気がします。

山本◉当時は僕ひとりじゃなくて、四日市の他の化学工場に勤めてる人たちもビラまきをしたり、駅頭で配っていた女性も当時の三菱油化に勤めていた方だし、どこの工場にも一人や二人はそんな活動をする人がいた。それ以外にも労働組合に限らず政治活動が、政治団体なんかに近い人たちのグループでビラ入れとかいろいろな集会が、当時は頻繁に行われていた時代でもあります。

武山◉その当時は労働組合の運動などがすごく盛んで、今、企業に勤めている我々からみると、組合自体が企業と仲良くしてる。一緒に共催とかいうかたちをとっていることが多くて、あまり役に立っていないのかなという感じがしていますけどね。

山本◉僕の会社なんかも、労働組合そのものはむしろ企業の人事課労務課的役割を果たすような存在でしかなかった。だから僕なんかの声は労働組合に取り上げてもらえない、反対されたり組合から追い出されるようなかたちになってしまっています。現実には労働組合と対立してしまいます。合成ゴムは前年に会社の持ち株を持つ制度ができて、会社と労働者が一心同体となって進もうというのを、労働組合が推奨し進めるというようなことがあって、それに対して反対した人がいたんです。その人たちが解雇とかそれに近い転勤となったり、さらに組合からは除名されるような動きがありました。ユニオン（ショップ）制だから組合から除名されると従業員でなくなります。そんなこともあって、労働組合というのが本当の意味で労働者側の役割を果たしていなかった。特に三菱油化なんかの三菱系統は労使の懇談会、話し合いの会であって組合というのはありませんでした。コンビナートの中心である三菱は「労使懇談会」であったわけです。どちらかというと経営側の意見を聞いて労働者、従業員、社員全体に浸透させていく、それを推し進めていくのが組合の役割のような側面を持っていました。

武山◉何か労働組合ときくと、組合員である従業員の利益とか労働環境の改善とかいうことを会社側に対して要求していくのかなと思っていましたが、意外にも違っていたということなんですね。わかりました。その頃から労働組合はちょっと本来の目的とは違う感じだったのですか。

山本◉実際、四日市で公害裁判が行われた時に、コンビナート企業の労働組合は全部抜けていく、裁判から離れていきます。現実にそういう動きになってしまいます。

武山◉そうしますと、会社の中で反公害運動をしていくと会社側から嫌がらせのような配置転換というか、そういうことは……。

山本◉実は二度三度と受けています。労働組合の本部の役員に立候補して、職場にビラを貼り付けたら無断で掲示物を貼ったというので就業規則違反だと。あるいは私用で年休とっていて、その時は認めてもらっていたのに一ヶ月後に、あの年休は認めない、だから無断欠勤だと、こじつけの理由です。それからもう一つは爆発事故がありまして、原因を究明してちゃんとした報告がない限り運転しない、再稼働しないようにと一人でストライキを起こしました。その際、上司に詰め寄ったのが暴力行為だということで処分を受けています。ただし、すべて戒告・訓告、早く言えば注意を受けるだけで済んでいますが、そういう処分を受けています。

武山◉それって「懲戒」の一部ですよね。けっこう給料なんかに響いてきそうですけど。

山本◉たぶん、給料には響いているでしょう。でも、うちの場合は比較的少なかったんです。ＡＢＣの３ランクくらいで時々Ｃランクが付いて一番悪いということになっていましたが、その辺の査定は小さかったので助かったのかなと思っています。

武山◉四日市公害の原因は亜硫酸ガスによる人体への悪影響ということですが、それは工場の煙突から出るわけです。その企業に勤めている工場側の従業員には、公害の被害にあったという方などはいなかったのですか。

山本◉全体を見ますと社員の中にもぜん息の患者さんはいました。ただ、認定を受けたのは裁判が終わってからくらいなんです。公害健康被害補償法ができて、若干の補償金が年金のようなかたちで払われる制度が動き出すのですが、その頃になって一部、企業の中の人も認定を受ける動きをした人がいます。それまでにも、ぜん息患者だったけれども認定を受けずにいた患者さんは企業内にもいました。やっと、おカネが動くということになって認定を受け始めると、同じ企業に働いている人の中に、ぜん息患者がいたというのがはっきりわかってきます。そういう人たちが出てきたんです。企業に勤めていた人たちは会社に遠慮するのか、公然と四日市公害のぜん息だっていうのが、なかなか言いづらいということで表面化してなかったんです。

武山◉被害があったということですが「におい」は当時どうでしたか。

山本◉四日市公害の苦情を行政側が統計とっていますが、悪臭公害が6割です。他に振動とか騒音とかフレアスタックの光の害とか音の害などが出ていて、私の勤めていた工場はにおいがひどく、悪臭で会社を名指しされるのは一番ひどかった。ゴムを作る工場であるだけに特有のにおいが出る。塩素とかアンモニアなどを大量に扱っています。別の製品でもにおいが非常に強いし、有害性のあるものも大量に扱っています。それ以外にも硫化水素、ブタン、ブチル系のものはけっこうにおいがします。

武山◉ブタンはにおいがするんですか。

山本◉しますよ。石油から出たものはほとんどにおいがします。特に化合、合成されたりするとにおいはひどくなります。

企業は変わったのか

武山◉１９７２年7月に公害裁判の判決が出て、企業側でも対策をしなければならないという流れになっていったと思いますが、判決以降に工場の中で変わったことはありますか。

山本◉取り立てて変わった動きはありません。企業が裁判で負けたから急遽というのではなくて、その頃、判決の出る一年前くらいから総量規制の動きがありました。三重県のほうから企業に情報が入ってきて、どの企業も対応ができるのかの検討に入ります。僕らも一つひとつプラントの増設なんかは国に書類を出すのですが、そういう中で総量規制がかかるとの情報が入ります。だから、増設で亜硫酸ガスの排出量を増やすわけにいかない。増設しても亜硫酸ガスを減らす方向、あるいは増えないかたちでの増設しか許されない、という法律が動きそうだということで書類検討とかが始まります。だから、判決の一年前くらいには企業はだいたい対策を何らかのかたちでとった。はじめから硫黄分の少ない重油を大量に使える装置を付けたり、ふつうは硫黄分の多いC重油を使っているのをBとかA重油とか硫黄分の少ない重油を使う。そうすると亜硫酸ガスの発生が少なくなる。そのための重油タンクを作ったりして徐々に燃料を切り替えていく。あるいは捨てていたガスとか無駄にしていたような部分を少なくしてできる限り燃料を減らす、そういう対策を企業は徐々にとっていました。

武山◉判決で住民側が勝訴したからといって対策がされたわけではなく、総量規制が入ったために先に企業のほうが対策をとっていたということですね。

山本◉そうですね。環境庁（当時）は重油中の硫黄分を減らせということで、全国的平均を何年後にはこれくらいという方向をも国として出してきているし、重油が日本国内に出回って使える状態ができてきている。最初は中東からの原油にほとんど頼っていたが、一定量硫黄分の含まれた重油しか入ってこない。でも徐々にあちこちからの重油を入れることで、少しずつ硫黄分を減らすとか、プラントから燃料の重油を作る時に直接技術的に減らす方法が確立されて、少しずつ硫黄分の少ない重油ができるようになってきた、改善されていったということです。

武山◉それは脱硫装置というものですか。

山本◉重油中から取り除くのが直接脱硫、それに対して後から煙突なんか脱硫装置を付ける間接脱硫とがありますが、直接脱硫が最初一部にできていたのです。

武山◉そうすると判決が出る頃には徐々に進んでいたと……。

山本◉そうですね。だから判決の精神というか、当時考えられていた総量規制的な動きにある程度追随できる社会的条件が徐々に整って、それを企業側が早めに手を打つというか先手をとって進めていったという一面をもっています。

武山◉そうすると実際に住民の方に被害が出て、煙などがひどくて、原因が特定されて、行政側が総量規制を実行して、それに企業側が対応する。そんなかたちで皆さんの協力があって、だんだんと公害の原因物質が減っていったということになるんですね。わかりました。

それでは、工場に勤めている時なんですが、近隣の住民の方とのやりとりとかはあったんでしょうか。

山本◉自治会を通してなのですが、あります。会社周辺の地区の方とは利害関係がひどくて、工場の敷地30メートルくらいに民家があり、爆発事故があって影響が及びそうになりました。今も残っていますが、合成ゴムと六呂見地区の境界には20メートルほどのコンクリートの衝立、防護壁が建っています。当時の住民からの要望で工場内の敷地に作りました。

武山◉爆発の可能性があるからというので作ったのですか。

山本◉いや、爆発したから、住民からの要求があって作ったんです。

武山◉当時、勝治さんご自身が原告の方と接することはありましたか。

山本◉企業に勤めていたので、陰で活動することはあったのですが、僕自身はあまり顔も名前も公表していなくて、半分隠れた状態でした。テレビや新聞に出ても後ろ姿など顔がわからないようにしたり、表面に出ることは少なかったので、直接原告の方とお話することはあまりありませんでした。

武山◉行政との関係は何かありましたか。

山本◉うちの工場は高圧ガスなので、四日市市との関係はなく、県や国との関係です。ただし、市とは石油関係で一部、消防署との関係があります。消防は市の管轄ですから。はじめの頃は爆発や火災があると市の消防署が来ますが、署員がウロウロして何をしていいかわからない。状況も一切つかめない。結局、工場の人間に聞くとか説明を受けるとか、それで終わってしまうというのが現実でした。当時は、技術者さんがほとんど四日市の消防署にいなくて、木造家屋の火事くらいしか対応できない。化学工場での火事には対応できない。徐々に工業大学とか理工系の大学出た人を消防に採用して、勉強させて増やしていったようです。行政の検査官とか指導官とかが指導の立場にあるわけですが、最初のころは立場が反対でしたね。今の原発なんかもそういう面を持っていると思います。

「語り継ぐ」ことの大切さ

武山◉技術のことに関しますと、当時は、行政などよりも直接携わっている企業のほうが上回っていたと思いますね。昔の、直接工場建設に関わった頃の人たちというのは、すごい技術力があったといわれています。けれども、最近は一時期、採用を絞ったということで、技術の継承がうまくいっていないのではないかという心配があります。先日、三菱マテリアルさんで爆発事故があったのも、中の状態がわからなかった技術者がやられたという話を聞いていますが、そうした技術の継承ということについてはどう思いますか。

山本◉15年くらい前から技術の継承ということで、経験者が若い人たちを教育することをやっています。しかし、なかなかうまくいかないとか、継いでいく若手の入社が少ないなどの問題があります。どこの企業も、特に四日市のプラントは古くなっていて何が起きるかわからないし、初めての事故が起きる可能性があるわけで、技術の継承だけでなくさらに応用して対応できるような力を付けて欲しい。けれども、そこまでいけるような若手がなかなか育たない。だから、どこの企業でも悩んでいるがなかなかうまくいっていないのが現状です。

一方で、工場がどんどん古くなって危険性を増しているという状況もあります。非常時にどんな対応ができるのか。初めての事故とか問題などが起きた時に対応できる力を持っていないと対応できない。原発の事故処理なんかをみても後手後手に回っているような状態なので、四日市でも同じようなことが起きるのではないかと心配しています。

武山◉技術の継承といっても、救急時での対応というのは爆発事故などになると、どのような対応をしたり継承するのかというのはとても難しいことですよね。実際に爆発を起こさせるとか、あるいは起こりそうな状態になった時、バルブの調整具合とかそれを体験してみないとできないですからね。

山本◉何でもある程度体験して年月を積まないとなかなか身につかないですからね。

武山◉その辺は難しいところだと思いますが、企業側としては何とかクリアしてやって欲しいですよね。

今回、この講座では「四日市公害」を語り継ぐということをやっているのですが、最近、四日市公害は過去のものというふうに、行政のほうも考えているようですし、コンビナート側の広報も「公害」について聞かれても知らないっておっしゃる。そういった状況に対してちょっと危機感を覚えるのですが、その辺についてはどう思いますか。

山本◉さいわいなことに（!）、四日市のコンビナートは3、4年ごとにニュースになるような事故を起こしてくれるんですよ。その都度、やっぱりコンビナート危ないよ、危険だよ、何が起きるかわからないよ、というそんな情報の流れる事故を起こしてくれる。だから、三菱マテリアルが爆発して、その3、4年前には三菱化学で爆発やデータの改ざんあるいはガス漏れとかが、忘れた頃に、四日市のコンビナートが起こしてくれます。その意味で未だにやっぱりコンビナートはこわい、終わったとか克服したとは言えない、ということをずっと持続して思い起こさせてくれます。だから、完全に解決したというようなかたちではないと、僕は見ています。

武山◉コンビナート自体、プラントが現在進行形で稼働している状況ですから、常に危険がそばにあるんだということを知っておいて欲しいですよね。

次に、今回の講座「四日市公害を忘れないために」に対する勝治さんの思いを教えていただきたいと思います。

山本◉僕自身は「語り部」としてここ数年小学校なんかを回っています。野田之一さん、澤井余志郎さん、そして私の3名が中心になって行っていますが、何しろ高齢だし健康上の問題も出てきそうな年齢でもあります。徐々に若い人たちで引き継いでもらいたいし、僕らの思いあるいは被害者の思いを引き継いでいけるような、そんなかたちの運動を残すためには次の世代へつないでいかないとどこかで立ち消えになってしまう。

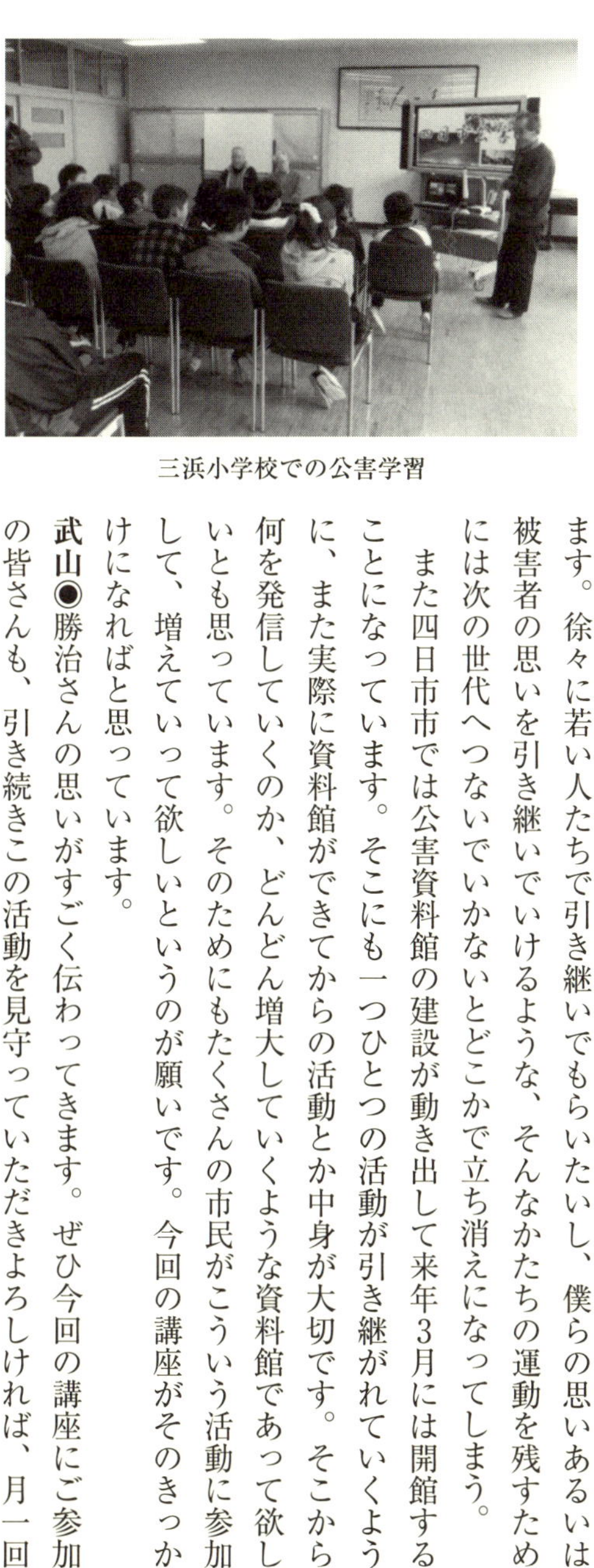

三浜小学校での公害学習

また四日市市では公害資料館の建設が動き出して来年3月には開館することになっています。そこにも一つひとつの活動が引き継がれていくように、また実際に資料館ができてからの活動とか中身が大切です。そこから何を発信していくのか、どんどん増大していくような資料館であって欲しいとも思っています。そのためにもたくさんの市民がこういう活動に参加して、増えていって欲しいというのが願いです。今回の講座がそのきっかけになればと思っています。

武山◉勝治さんの思いがすごく伝わってきます。ぜひ今回の講座にご参加の皆さんも、引き続きこの活動を見守っていただきよろしければ、月一回の市民塾例会にもご出席ください。第4月曜日ですが、内容はざっくばらんにいろんな話題をネタにして話をしていますので、さまざまな情報が得られると思います。ぜひご参加ください。では、勝治さんに対する私からの質疑というのは以上となります。本日はどうもありがとうございました。

（休憩）

会場1◉2月に勤務校に来ていただきましたが、その際4年生児童が山本さんに「会社に勤めながら公害に反対したら、会社を辞めろといわれたことはないんですか」と質問しました。そうすると山本さんは、にっこり笑いながら「3回、辞めろと言われました」と言われましたね。子どもはその後に、ビラ配りで紙袋かぶっている方と素顔の女性がいて、紙袋が山本さんですかと聞いたんですが、山本さんは「私は素顔で配っていました」とおっしゃったんです。今も処分の理由をさらりとニコッと笑って言われたのですが、このビラ配りは処分の理由には入っていませんよね。

山本◉ビラ配りに関しては言われたことはないです。会社としては、それ以前にあちこちの活動に参加しているのが本当は嫌だったんでしょうけど、ビラ配りを理由の処分はできなかったようです。

会場1（再）◉さらに子どもたちが「どうしてそんなに頑張れたのか」と聞くと、またニコッと笑って「応援してくれる仲間がたくさんいたから」と言われた。どういう仲間がいたのか、大人向けに語っていただけますか。組合とも対立していたとおっしゃったのでどういう仲間がいたのかな、と。

山本◉僕の身近な職場で一緒に働いている人たちの、少なくとも三分の一くらいは陰で支援してくれていたと思います。もっとも反対に会社側で僕を監視しているような人も一人や二人はいました。ひどいことを言いふらして歩いているのはいたけれど、一番身近でよく知っている人はそれなりに僕を理解してくれた。だから、直接大きな処分はできないような状況があったんだと思います。

会場2◉今回初めての参加ですが、こういう講座をやるのであればぜひ市民と企業の討論会などをやってほしい。企業はOBでもいいですが。この平成の時代になっても犯罪をおかした企業が四日市で存続するわけです。それを思うと、ぜん息で殺された遺族や親族あるいは亡くなった方の恨みは計り知れない。企業や国に殺されたわけだから企業も呼んで市民との討論とか、なぜそうなったのか経緯を知っている方がいれば参加してもらって話し合っていただきたいと思います。

山本◉四日市にコンビナートがたくさんあるので企業OBも多いはず。それなりに話もできるし優秀な人も多いだろうがあまり声が聞こえてこない。話をしてくれるような人が現れないんです。企業にいてもその人が加害者として責任を負うわけじゃなく、それぞれの立場でそれぞれの見方をもっと自由に出してもらってもいいと僕は思います。

武山◉企業・市民・行政の三者が一緒になって情報開示やつながりを大事にしたいと思いますが、なかなか企業は出て来ない。そういう方がいれば市民のためだけじゃなく企業・行政のためにもなるのでいいのではないかと思います。

会場3◉三つほど質問があります。まず一つ目。略歴の中に「1970年8月：第1回公害と闘う全国行動」で「警察の尾行が付き出す」とありますが、これは山本さんが特別過激だったためにあなたにだけ付いたのですか。それともこの行動への参加者には何人か尾行が付いたのかどうか。

次に、「2000年9月：57歳で早期退職」とありますが、これは会社が嫌になったからなのか、それとも何か自由に活動したかったからか、ちょっとお聞かせください。

三点目は、工場配置図で海側の第1・2・3コンビナートはよく知っているが、内陸の方はあまり知らなかったんです。この山側の日本合成ゴムとか他にもいっぱい工場がありますが、ここからもかなりの公害、有害物質が発生して被害を及ぼしていたと考えていいのでしょうか。

山本◉「公害と闘う全国行動」の中心になっていたのはある党派ですが、学生さんも含めての参加者があった。それ以前から僕たちは化学工場の二、三の少数グループと活動していたこともあって、僕が四日市の悪者の中心のように見られていたんだと思います。工場の正門出た時とか、アパート出るときなんかに尾行が付きました。公然とくっついたり隠れて付いてきたり確かにありました。化学工場の中ではデモの時にはテロ行為なんかあるんじゃないかとか、人事関係の情報が企業間に流されるとか、僕の顔写真が出回っているとか、実態は知りませんがそんなウワサは聞いたことがあります。デモの日には工場の管理職が呼び出されて工場の周囲を囲んで警戒していました。

会社を早期退職したのは『公害トマレ』廃刊の頃に女房を亡くして、小学校に入る前の子どもを二人抱えていたんです。それまで、子どもの世話をあまり見てやれずに過ごしてきたので少しは早く辞めてもういっぺん子どもの面倒を見直すかと思ったんです。特に会社が嫌になったからではありません。

内陸部のコンビナートですが、合成ゴム以外には味の素・三菱ガス化学・日本エタノールなどがあります。公害裁判で問われた問題から言えば、四日市には北西の風がよく吹く。その風は被告6社から磯津の方に流れたが、合成ゴムなどの内陸部コンビナートからは隣の楠町に流れて行っています。楠町は合併以前は四日市市とは別だったので統計に含まれていませんが、ひどい被害を受けた地域でもあります。楠町は判決後の公健法で認定地域になりますが、延べ162名の患者が出ています。内陸部のコンビナートが楠町の患者さんに大きく被害を及ぼしていたと考えられます。

会場4◉最近、コンビナート各企業から出ている亜硫酸ガスや窒素酸化物の排出量の数値を、県が明らかにしなくなっている。かつては県議会にも全部資料が渡されたが今は出せませんという。「環境総合監視システムの設置及び管理に関する覚書」というのがあって、情報はすべて企業との協議を経ないと公開できないということになっている。こうした面からも四日市公害は決して終わってないと思える。企業と住民の敷地を切り離す公害防止計画緩衝緑地というのがありますが、企業よりも以前から住んでいる住民は簡単には移れない。それで海岸部は高齢化がどんどん進み災害の危険性も高く、ここでも四日市公害は終わっていない状況があります。

武山◉住民としても見えないところで事態が進んでいくのが一番恐ろしいと思います。石原産業のフェロシルトも知らないうちに内陸の処分場に運ぶことになっています。何が起きているのか監視も難しいですが見つけた方はぜひ情報発信をお願いします。関心を持って声を上げていくのが民主主義の基本ですから。

会場5◉先ほどのお話の中で企業に対して問いただしていくのは「企業をよくしていこう」という気持ちだったと伺いました。警察が付いたり孤立もされてすごく大変だったと思いますが、その辺りをもう少しお聞かせいただければ自分たちの励みにもなると思いますのでお願いします。

山本◉あんまりしゃべりたくないなあ（笑）。当時、公害反対の活動やっていた人は、四日市にはコンビナートたくさんあるから工場一つくらいなくなってもいい、そんな気持ちもありました。「コンビナートもういらん」なんて書いたステッカーを四日市中に貼ったり、電力会社に対しては「停電してもらっていいよ」なんて考え方を持っていました。コンビナート増設には反対でしたし、当時は工場を辞めさせられても代わりの仕事があった時代でした。だから、コンビナートが四日市に集中してつくられた結果が公害をひどくしたと思っていたので、一つや二つの工場がなくなっても特に問題はないよ、という気持ちでやっていました。

武山◉まあ、今ではなかなか自分の会社がつぶれていいとは言えませんが、当時はそれくらいの気持ちを持っていたということですね。会社を辞めてやろうという気持ちはありましたか。

山本◉なかったですね。中で頑張ろうという気持ちの方が強かった。

武山◉すごいことですよね。周りからいろいろ言われながらそういうことって。

会場6◉小学校に勤務しています。去年の冬に語り部さんとしてお話に来ていただきました。5年生の子どもたちがそのお話を聞いて、その後の授業の中でどう生かされたかと言うことを、ぜひ山本さんにお伝えしたいと思います。うちの学校でも子どもたちが「会社を辞めさせられないだろうか」と恐れずにどうして活動ができたのかと質問した時、山本さんが「仲間がいたから。正しいことはちゃんとすることが大事」という話をされました。その授業としては「環境を守るために市民としてどうするか」だったのですが、子どもたちはそこから「仲間」や「友達」を大事にしていくことまで広げることができました。具体的にはクラス内でいじめに近い問題が起きた時、一人の穏やかな女の子が目撃証言をしてくれました。なぜその子が恐れずに証言できたのかと聞くと「山本さんのお話の時の、正しいことは正しいとしてちゃんと伝えなあかん、という言葉が残っていたから私も頑張れた」と言いました。それがすごく嬉しかったんです。

また、四日市に住んでいて公害があったらどうする、と考えた時「引っ越しする」っていう子も多いのですが、授業を進めていくと「四日市に生まれたのだから引っ越して逃げていくのではなく、なんかできることをさがそう」という話が出たりします。公害の学習をしていく時にはいろんなエキスがあるのだなと知ることができました。今日はこのことをぜひ山本さんにお伝えしたくて参加しました。

武山◉やはり「公害問題」というのは、人権とか人の思いなどが重なってくるのだと思います。だから、公害の被害だけの話ではなく、その中にある人たちの思いを子どもたちが知って、どういうふうに自分たちが生きていくかということにつながっていくのでしょう。

会場2（**再**）◉武山さん、あなたはまだお若いようですが、どうして「公害」に興味を持ったのですか。

武山◉私は岐阜県の出身ですが、他県から見ると四日市は空気が汚れたり道路がすすけていたりする印象がありました。地元に対する愛着が薄いからなのかなとも感じました。一時的にしか四日市にいないからかなと思ったりしたのですが、批判だけしていてもよくならない。それで自分個人として地元とつながりたいと思って日本自然保護協会の自然観察指導員の講座を受けるようになり、こちらの四日市市環境学習センターに来るようになりました。そこで市民塾の皆さんと知り合い、例会にも参加していろんなことがわかるようになりました。これはちょっと奥が深いな、公害に関心を持たないと忘れてしまって、また繰り返すことになるんじゃないかと思い、環境学習センターの解説ボランティアもさせてもらっています。そんないきさつがあります。

会場2（再々）◉私は身内が磯津にいて公害で亡くなりましたし、同期にもぜん息持ちがいました。小さい頃には昭石の突堤で奇形の鯖が釣れた。石原の排水口の水もとんでもない色をしていた。それらの企業を現在も信用することができない。社長のパフォーマンスもあるが何を信用していいのか。津波が来たら市民はどうなるのか。我々の世代は絶対忘れてはならないし、信用できません。

自治体にも問題は多い。市の環境の関係者が企業と宴会やったという記事をみると、こういうことが公害につながっていると思う。貧しくても公害で殺されるよりはいいんじゃないですか。原発問題にもつながっています。豊かさと金儲けで原発つくっていいのか。東電のコンプライアンスもひどいし、全く反省せずに再稼働や原発輸出を安倍政権は言っているが絶対に許せない。

原発問題、公害問題。被害者の親族・遺族の思いは苦痛や恨みがあるわけです。本当に許せないことが多いのです。金儲けよりも命の方が大事ですから、そのことを言わなくてはいけない。声を出して闘っていかなくてはならないと思います。市も税収増やそうと企業誘致するが、たとえば東芝の工場増やして近くでダイオキシン出たらどうするのか、と。金儲けのために何かを犠牲にするのか。東京都民のために福島が犠牲になっている。カネもらっても命は返ってきませんから。

武山◉今日はいろいろと貴重なご意見をいただきました。コンビナートの現状も、なかなか中に入るのは難しいのでお互いが知り合って情報交換できるといいと思います。企業と県が知らないうちに「覚書」を交わしたりしていて危機感を覚えます。今日ご参加の皆さんもぜひ市民塾の例会に来ていただいて話し合ってください。動ける方もいらっしゃるでしょうし、そういうことの積み重ねで四日市をどうしていくのか、市民が決めていく事だと思います。私も企業の人間ですので、できることは限られていてどこまでやれるかわかりませんが、今後ともよろしくお願いします。

それではこれをもちまして第6回の土曜講座、終了とさせていただきます。ありがとうございました。

▼感想……武山浩司

まず、今回のお話をいただいて考えたのは、社名を出すかどうか。いま、企業に勤めているものとして、公害という企業活動に起因する災害について議論するのは、何かと厄介者扱いされそうな気がしたからだ。知人からは何故そんな人が嫌がる話をするの？　と言われたりもした。

正直、周りの目が気になることは事実。考えた結果、それでも多くの人に四日市公害に関心をもってもらい、自分たちの生活圏で何が起きているのかを知ること、関心を持つことが大切だと思い、聞き手を務めさせていただいた。

公開講座、聞き手と語り手による講座の進行、参加者も自由に質問できるというのは、それぞれの立場の人が発言できる貴重な場であったと思う。聞き手としては、技術者どうしの対談であったので、どうしたら一般の方にわかりやすくできるかを配慮した。

印象に残り、少々困惑したのは、親族を四日市公害で亡くされたという方の質問だった。これは、当事者の思いが強く出ており、企業に対する不信感が感じられ、今後類似災害を防ぐべく真摯に対応していくと回答させていただくのが精一杯であった。それでも、終了後にお話をさせていただき、応援の言葉を頂戴したのは、やはりこの場があったからこそだと感じた。

当事者でない自分が、いかに当事者の思い、当時の様子を伝えていくかは難しいと感じた。

第7回（5月17日）
「記録」することは「たたかう」こと

語り手◉澤井余志郎（公害を記録する会・四日市再生「公害市民塾」）
聞き手◉片岡千佳（津市立明合小学校教員）
藤本洋美（三重県教育委員会事務局研修推進課勤務）

藤本洋美◉本日は澤井余志郎さんにいろいろお話を聞かせていただきます。私たちもとても楽しみにしておりますのでよろしくお願いします。本日のインタビュアは片岡千佳、藤本洋美の二人で務めさせていただきます。それでは始めさせていただきます前に澤井余志郎さんの紹介をさせていただきます。

片岡千佳◉紹介するまでもないのですが、初めて来られた方もみえるとのことで今日の資料の中日新聞の記事（２０１２年7月27日）「あの人に迫る」から紹介させていただきます。

（概略）１９２８（昭和３）年静岡県雄踏町（現浜松市）生まれ。浜松工業学校紡織科卒業後、四日市市の紡績工場に就職。54年から三泗地区労働組合協議会（地区労）事務職員。58年から四日市公害の記録活動を開始。ガリ版文集「記録公害」発行。71年「四日市公害と戦う市民兵の会」結成。月刊ミニコミ紙『公害トマレ』を8年間発行。97年四日市再生「公害市民塾」を設立。

「生活記録」を始めた頃

藤本◉それでは、インタビューの前半は澤井さんが四日市公害に関わられる以前の生活記録について、私たちもすごく興味を持っていますのでお尋ねしたいと思います。以前お会いした時に澤井さんが「四日市公害の生き字引の澤井余志郎」と言われるよりも「生活記録の澤井」と言われる方がしっくりくるとおっしゃっていましたが、その生活記録活動に関わるようになった経緯と中身についてお話しください。

澤井余志郎◉澤井です。山形県山元中学校の無着成恭さんという先生が生活綴り方を子どもたちに教えて、昭和26年『やまびこ学校』が出されベストセラーになりました。それをたまたま本屋でみつけたのがきっかけです。当時紡績工場は工場によって女子工員の出身が決まっていて、私が勤務していた東亜紡織泊工場には長野県南部の上伊那・下伊那郡の中学3年生が主に就職して来ました。戦後の新制中学第1期生ということもあって、ずいぶん活発な意見も言うし、いろんな動きもするわけですが、要するに出稼ぎに来ているわけです。給料が出るとまず募集人（連絡者）が来て、8割くらいは家に持っていってもらうんです。

　そんな生活をしていましたので閉鎖的というか、いろいろ話を聞いても貧乏っていうのは恥ずかしい、恥ずかしいことを表に出すというのはよくないことだという気持ちが固まっているんです。そんな時に出た無着成恭さんの『山びこ学校』には、中学生たちが具体的に「私の家は田んぼが何反、畑が何反だから収入がいくら、家族は何人」と数字で書いているわけです。それを読んで、やっぱり紡績工場に来ている人たちも同じなんだなと思って、こういう本当の「綴り方」を書こう。それまでは「月がきれい、星がきれい」というようなことばかり書いていたのですが、それでは意味がないのでそういう「生活記録」を書くことになりました。

給料をもらうとまず家に送金するということで、生活が家と密着しているから、それじゃまず家のことを書き合おうということで指導しました。それで、ずいぶん苦労したようですが30人くらいが書いて集まりました。誰か読んでくれと言ったんですが、生活綴り方ですから自分の家が貧乏だと言うことが具体的に書いてあります。自分の家の貧乏をあからさまにするのは大変恥ずかしいということがあって下を向いて誰も読まないんです。それで私が読むから渡しなさいって、強引にとって読みました。そしたら、読まれた子は泣き出しました。だけどもそれ以外の人たちは何かほっとした顔をしたんです。つまり、「私の家だけが貧乏じゃなかった、誰々さんの家も私と同じように貧乏だった」ということで、解放感がその場に広がりました。読まれた子は泣き出したけれども、ああこれが生活綴り方なのかと思いました。

さらに、私の家はどうして貧乏なんだという話し合いをしたりしましたし、社会学者の鶴見和子さんが工場に来てくれて、寄宿舎で話し合うというようなこともありました。生活そのままを書いた綴り方を読み合うことによって親近感が湧いたのかも知れません。そこまでは想像してなかったのですが、「綴り方運動」として始めた方がいいと考えました。みんな若い女性ですから、いずれは結婚する。その時どんな結婚をしたらいいのかということでお母さんを綴り方の材料にする。お母さんはどんな生活をしてどんな結婚をしたのかを知ることが大事だと、お母さんに手紙を出していろいろ聞いて「私のお母さん」というのを書きました。当時は農村だけじゃないと思いますが、貧乏が原因でずいぶん苦労している母親の姿がわかってくる。

それじゃ、自分も母親になるからどんな母親になったらいいかと考えて「母の歴史」というのを書き合うことにしました。奈良県の先生が出していた『歴史評論』の中の「母の歴史」を読んだのがきっかけでした。紡績っていうのは圧倒的に女性が多く独身男性というのは1割くらいで、8割が独身女性。貧乏な農村にいるよりはこちらで結婚したら何とかサラリーマンの奥さんになれる、生活も安定するということで寄宿舎や工場の中ですから恋愛が大きな問題になります。なかなか結婚する相手もみつからないだろうということで、自分はどう生きたらいいのかということを綴り方に書こうと。テーマを決めた綴り方ではなくていろんな内容で書き合うようになったのですが、なぜ紡績というのはこんな社会なんだということも出てきたりします。その頃までは私は組合の文化部長とかをやっていて、サークル活動もやっていました。それで、(組合の役員は)いつ役員を澤井に取って代わられるかわからん、私にそんな気は全然なかったんですが、そんなことになって組合役員も私を毛嫌いするようになってきました。

生活綴り方運動をする中で女子労働者として成長するのがわかってくるのですが、でもいずれは農村へ帰って結婚するというのは自明の理なわけです。当時、俳優座の養成所の第3期の人たちが劇団をつくって「母の歴史」を芝居にしたいと言って四日市へ来るようになった。そういう劇団員との交流が始まってよけい村へ帰るのがいやになった。家の田畑、収入はわかっているわけですから、どうしてまたそんな農村へ帰らなければいけないのだということになるわけです。石原産業とか電通学園だとかの男性の職場とできるだけ交流するよう仕向けたんですが、ちょっと肌合いが違う。付き合い出した子もいたんですが、男の方に「オレに貢げ」みたいなことを言われて別れたりします。当時は紡績女工というのは蔑視感をもたれていましたから、軽蔑されるような存在ではなくて、労働者として頑張れるようになろうと綴り方を書き、運動もしようということでした。

たとえば、その頃「破防法(破壊活動防止法)」の問題があって、総評とか全繊同盟などが一斉ストライキを決定しました。ところが実際にフタを開けてみたら、決行したのは東亜紡織泊工場だけなんです。しかも職場によって、主任も組合役員でしたから、この職場は忙しいから仕事をしておれ、この職場はヒマだから組合大会へ行け、なんていう、そんなストライキだったんです。それで、その大会に行った綴り方グループの一人の娘が、「今日のストライキは何ですか。中学校の社会科では、一斉にみんなが職場放棄をして抗議して要求通すのがストライキだと教えてもらいました。職場が忙しいから仕事、ヒマだから組合というのはどういうことですか」と言った。これには組合役員も答えられないんです。会社に主任会議というのがあって組合委員長も主任なんです。それで、あれは澤井が女子を扇動して言わせているんだというわけです。

そんな中で一人の主任が「お前は目を付けられている。工場長に呼びつけられるからごまかしとけよ」って言う。俺をターゲットにしたかなと思っていたら案の定、工場長が「お前工場つぶす気か」と。そんなストライキで工場がつぶれるわけはないんですが、それを言うわけにはいかないので、ああそうですかとだけ言っておきましたけどね。まあ、そんなことで綴り方運動にはずいぶん大勢の女子労働者が、800名中600名も参加をしてくれました。それで組合委員長は、いつ澤井に取って代わられるかわからんという恐怖感を抱いたようですが、こっちはさらさらそんな気はありませんでした。紡績時代にはそんなことがありました。

紡績工場での取り組み

藤本◉女子工員が「労働者」として成長していく過程を教えていただきましたが、彼女たちが一人の人間としてどのように成長していったのか、また澤井さん自身も生活綴り方運動を続ける中で、どのような変化があったのか、もう少しお聞かせいただきたいと思います。

澤井◉紡績会社というのは絶対的に女性が多くて男性が少ないのですが、4月に男性工員が入社すると女性よりは一段偉い立場になる。そんな異様な社会ですよ。『女工哀史』の頃からそうなんでしょうけれど、女

性労働者というのは非常に軽く見られていたのです。それで、やっぱりこれではあかんということで文化運動をやったのですが、却って男性組合員からも反発を受けるようになったわけです。

片岡◉いろいろ書いたものを読み合う活動をされたということで、ここに澤井さんからお借りした「仲間たち」という1950年代に書かれた冊子があります。紡績の女子工員さんたちが書いた文章を澤井さんがガリ切りをして綴っていた本ですね。この中には「自分らでも担当者を決めてガリ切りをしていこうよ」と綴ってあり、その時の話し合いのことが書いてあります。こんなふうに当時、10代の若い社員の方たちが綴り方活動をしていくことで、自分たちでこうやっていこうという役割分担をして自主的に、会を盛り上げていこうとしている、こういうことだけでも気概というか自分を見つめ直そうという気持ちが表れているなと思います。

澤井◉それが、紡績という社会、特に男性にとっては許されないことでね。中でも職制なんていうのがあって、そんなことでは仕事がしづらいということもあったと思うんですが。当時、こんなことをするのは「アカ」だ、つまり共産党がする運動だというような中傷もありました。でも塀の中の生活ですからね、マルクス・レーニン主義と言ったってわかるわけないんです。そんなことでは動じなかったんですが、むしろ会社が労務政策で一番困ったのは朝鮮戦争の特需で紡績工場も盛んになった時です。その頃、女子労働者は深夜勤務ができませんので早番は朝の5時から、後番は10時半からしか労働できないんです。それで今度は男性が夜の10時半から明くる日の5時まで仕事をする。アメリカ兵の軍服を作るためにずいぶん仕事が増えたんです。私もその間、織機で織ったりなんかしました。そんなこともあって、男社会なんですが女性を頼みにしないと紡績というのは成り立たないわけですから、ある意味会社も怖かったと思いますよ。

「四日市公害」との出会い

藤本◉女子工員が力をつけ、社会的な外圧を受けながらも進めていったということもお聞かせいただいたのですが、続いて澤井さんがいよいよ四日市公害と関わられるようになったきっかけというのもお聞かせください。

片岡◉私自身も教師という立場で、何かを社会に訴えていくあるいは自分の生活を見直していく、そういうことをする時に、自分たちで何かを書き合うとか記録するのは大事だというのはわかります。それを、実際に東亜紡織時代に実感されて、女子工員さんたちに力がついていったということが、澤井さんの中でも自信になったと言ってみえます。澤井さんが四日市公害の反対運動をするきっかけとなったのは、第二の職場である組合の活動を通じて四日市公害と出会ったからということでしたが、そこに綴り方、生活記録の考え方を使っていくというのは自然な事だったんでしょうか。

澤井◉先ほども言ったように紡績工場の中で自分も育てられたという自信はありました。ところが、1960年代になって四日市公害というのが出てきます。もともと四日市というのは紡績産業が盛んで羊毛の輸入港としては日本一、世界一の規模でした。そんな歴史は『四日市市史』にも書いてありますが、それが60年代になって石油化学コンビナートに変わっていくわけです。そんな中で公害問題が出てくるのですが、どういうふうに対処していくべきかを考えると、やっぱり自分は生活記録運動で育てられたので、何とかそれを生かしてというのはありました。

というのは、公害反対運動となると、たとえばどこかでひどい悪臭がしたというようなことがあると、自分の勤めていた地区労では、上司に言われて私が各加盟の労働組合に文書を出すわけです。今度、公害反対で１０００人規模の集会をやるのであなたの組合は何割で何人の動員をしてください、と。そうすると会場の諏訪公園などに多い時は１０００人くらい集まってきます。それで「公害反対！」とやるわけです。明くる日の新聞をみるとね、写真が載っていますし、テレビも放送します。なんかそれを見るとね、四日市は公害反対で燃えてるんだと誰もが思うわけです。でも、実際に来た人はね、組合から動員費というおカネをもらいます。集会が終わると、今の季節だとビアガーデンがあってそこへ行って飲んでいます。これが公害反対運動かな、これでいいのかなっていうことを思います。

その頃には、どんどんと公害患者が増えていきます。そんな時に行事をしているだけで本当に公害をなくすことができるのか、という疑問を持ったのと、動員費もらってビアガーデン行ってバンザイのような情勢ではない。本当の意味での公害反対運動というのは何だろうかと考えた時に、既に被害者がいるわけですから、被害者はどんな生活をしているのか、公害の激甚地である磯津へ行ってどんな被害を受けているのかを知ろうとしました。

公害患者に事実をありのままに書いてくれと言ってもそれは無理だから、その場合は録音テープにとって聴いた磯津の言葉で、きれい事じゃなくそのまま文章化してそれをガリ版文集で組合役員なんかに読んでもらう。公害でこれだけ患者が苦しんでいる、これを読んで……と。当時、磯津へ行った公害反対のリーダーなんかいなかったと思います。磯津というのは通り道にあるわけじゃなくて「磯津へ行く」と言って行かないと行けないところなんです。それほど四日市から隔離されたところですから、何とか磯津の実態を、野田さんのように大変元気な人が漁師もできないくらいにぜん息で苦しんでいるという実態を、だから公害をなくさないといけないということを訴えるべきだと思いました。

これは紡績での生活記録運動の中で学んだことですが、聴いた話をテープから文章化して野田さんのところへ持って行った。初めは読むかどうかわからんぞと言っていたんですが、しばらくして行ってみると「ああ、俺もけっこういいこと言うとるな」って。野田さんだけじゃないですよね、磯津の人たちは自分のしゃべったことが、たとえガリ版であっても印刷されたものだと自分を第三者として見られる。

誰やらに読ませたら「お前、いいこと言うとるな。俺でも言えるぞ」と言うのがおったので、「そこへも行って話を聞くといいぞ」となった。自分もそこまでは想像していなかったけれど、そんなことがあったもんですから、ああやっぱり生活綴り方運動の延長で私なりのことができるなってことを思った。ただ、残念だったのは「四日市本土」でリーダーという人に「磯津へ行ってこんな被害者の声を聴いて文集にしたから読んでくれ」と渡したけれど、あまり読んでくれませんでした。

本当の意味での公害反対運動というのは被害者があって、その被害者をどうしたらなくすことができるのかと考えると、何千人集まったからそれで公害がなくなるわけではないんです。紡績での生活記録運動が生かされて公害記録もでき、新しい資料館に貢献できるのだと思いますが、生活記録をやったからだという自負は今も持っています。

「公害とたたかう」ということとは

片岡◉澤井さんは生活記録運動をする傍ら、本職の地区労のお仕事と磯津へ通って患者さんのお話を聞いたり、いろんな方のインタビューをされたり、写真を撮ったりされていたわけですがどんなふうにされていたんですか。

澤井◉こんな事件がありました。第3コンビナートの建設が1967（昭和42）年2月の市議会で傍聴席が満員の中、誰が賛成か反対かもわからないうちに強行採決されました。「可決した」なんていうから傍聴者が一斉に議長席へ行ったらもう議長は逃げてしまっていない。そんな議決があって第3コンビナートの埋め立てが始まるわけですが、何が本当に反対なのかということを明らかにしなければならない。第3コンビナートの近くの富田・羽津地区は大きな海水浴場だったんです。その地域の人たちが反対運動をするから「仕事終わったら手伝え」っていうので出かけた。あの当時はガリ版でしたから、原稿作ってくれと頼まれました。私はそんなつもりではなくてビラまきのつもりだったけれど、しょうがないので原紙を切って印刷して周辺の家の郵便受けに配って歩いた。

そうしたら明くる朝、大協石油（現コスモ石油）の労働組合から電話があって行くと、委員長の机の上に昨夜のビラが置いてある。「これ、お前が書いたな」。ガリ版の字というのは筆跡が分かるので違うとは言えない。「お前どこから給料もらってる」「俺たちは工場が大きくならなければ賃金が上がらんのに、どうしてお前は反対するのか」と言われた。そういう理屈もあるなとは思ったのですが、地域の人が公害反対だといっているから、仕事が終わってから手伝いに行った。地域の人にしたら公害が解決していないのに、これ以上大がかりな第3コンビナートができたら大変なことになるという危機感があるから手伝った。それで結論としては「お前が地区労事務局やめるかうちが脱退するか」となった。それは両方とも返事できないので任せることにした。さすがにその時はちょっと慌てて奥さんに「ひょっとしたらクビになるかも知れん」と言いましたが、「ああいいよ、地区労の給料くらい安いモンだから私がなんとかする」と言われて安心しました。

埋め立て前の霞ヶ浦海岸

大協石油の組合は大会を開いて脱退を決めたんですが、先輩たちから「こんなことで脱退なんかされたら会社が抗議されるぞ。それでもいいのか」なんて言われて、最終的には脱退は決めたがいつにするのか日時は決めなかった。その後、私が退職するまでその日は来ませんでした。しかし、それ以後はもう表に出ないようにしました。公害裁判の事務局もできたんですが、裏でできることをやることになった。まあ、結果的にはそれはよかったと思いますけど。

片岡◉夜など、勤務時間外にいろんな活動をされて「黒子で助っ人」ということをよく言われているんですが、苦労したことや思い出に残っていることなどはありますか。

澤井◉「黒子で助っ人」というのは私の自慢の一つにしています。公害裁判がいよいよ始まるというのは昭和42年ですが、組合はどうするかというと、朝7時に裁判所で傍聴券を配りますから、官公労が中心で並びますが、コンビナートの組合はそれぞれでやりなさいということでした。私はそういう組織的なことには表立って行動できないので、自分でできることを考えて磯津通いを始めたわけです。被害者の声を聴くために。そんなのは自分の時間でできることですから。

それ以外には、訴訟が始まってから弁護団の要請を受けて裁判所に書類を届けに行ったり、反対にもらってきたり、いわば運動というより事務局的な仕事をしていました。地区労からは組合回りをしてくるからと言って出てくるわけですが。また、こんな出来事もありました。法廷内では口頭弁論が始まる5分前までは、記者クラブの皆さんに撮影許可が出るので私も一緒に写していましたが、ある時書類をもらいに裁判所へ行ったらいつもの守衛さんがいて、「あんたは新聞記者と違うのか」とばれてしまって、それ以降は法廷内での撮影ができなくなってしまいました。そんなことでずいぶん陰の仕事をやっていました。

裁判中、5年間そんな活動をしていましたが、わたしの活動は誰も知らないんです。「公害訴訟を支持する会」の役員なんかも「澤井がずいぶん公害のことやっているとか言ってるが、あいつは何もやってないぞ」と言ってるそうですが、そうなんです、表面上はしていないんです。「ああ、そうか、それじゃオレは成功した。わからずにやったぞ、しめしめ」ということで痛快なんですよ。

この講座の最後で吉村功さんという方が出てきますが、あの人も「黒子で助っ人」の存在でした。月刊で

河原田での反対運動

「公害トマレ」を出したり、患者さん宅を一軒一軒回ったりしていました。当時は「四日市公害と戦う市民兵の会」として活動していましたが、三菱油化の河原田工場計画が中止になったのも、陰で市民兵たちの運動があったからなんです。吉村さんは1969年頃に名大の学生たちと一緒に四日市へ来て、「何か手伝うことはありませんか」と四日市市職労事務所を訪ねてきてくれて私と知り合うことになりました。売名のためではなく、被害者のために自分でできることをやるというのが「黒子で助っ人」ということです。

二度と公害を出さないために

片岡◉そういう立場とか肩書きを外して一市民として活動していくことの強さというのはすごくよくわかります。けれども、書物や記録集を読んでも、三菱油化の河原田工場建設が取りやめになった事など、具体的に誰がどうしたっていうのは歴史としては残らない。一つの工場の建設に反対して阻止したという、その経緯の中で誰がどういうふうに活動したのか、というのは公のものには残されていないんだなあと思いました。その辺りも含めてもう一点、磯津の二次訴訟についても澤井さんが一番関わっていた部分だと思いますが、患者さんに対して「これでおカネもらって（二次訴訟を）断念しようじゃないか」というのは、澤井さんの意志でそうなったということですか。

澤井◉それは私の意志というのではありません。昭和47年2月が結審で7月が判決ですが、結審の頃には野呂さんたち弁護団には「勝訴」の自信めいたものがあった。問題は磯津にいた他の公害患者。特に子どもの患者とか合わせて120人くらいいました。既に亡くなった方もいました。野田さんたちは入院患者ですから先頭に立って指導するのは無理です。9人の原告さんは口頭弁論に来ても途中で発作起こして帰ってしまうということもありましたから。そんな中で二次訴訟というのは子どもが患者の母親が中心になります。あの裁判の判決は損害賠償ですから企業はおカネを払えばそれでよかったんです。結果的に二次訴訟は起こされず、直接交渉と言うことで賠償金が支払われて決着が付けられました。

ただ、民事裁判というのは限界があります。判決の日に向かい側の市役所屋上で写真を撮りました。眼下の裁判所前では「勝った、勝った、バンザイ」と言っているのに、カメラのファインダーを覗くと遠くに煙を吐くコンビナートの煙突が見えるんです。四大公害の中で水俣・新潟・富山では判決当時、既に有害物質の排出は止まっていましたが、四日市だけは現在進行形です。写真を撮りながら「これが公害裁判なのか」ということを思い知らされました。屋上から降りて野田さんを磯津へ送って行く途中、野田さんが例の「裁判には勝ったけど、公害がなくなった時にありがとうの挨拶をしますと言ったけどよかったかな」っていうから「野田さん、よう言うたな」と返したわけです。

ただ、さすがに企業も公害には気をつけるようになり、行政の努力もありました。国の規制よりも地方自治体が厳しい規制をしても無効だという時代に、三重県によって「総量規制」というのが実施されました。三重大学の吉田克巳教授を中心にして環境基準を作るために調査・研究が行われ、判決の年の72年4月から準備期間をおき半年後に施行されました。総量規制ですから当面亜硫酸ガスの排出量を3分の1に減らすという規制です。当時は行政よりも企業の方が強い時代です。各社長が津に集まって「そんな総量規制をやられたら企業が成り立たない」と反対したようですが、知事が黙って答えないものですから、石原産業の社長が中心になって認めざるを得ませんでした。それで総量規制が決まったわけですから、この点だけは「ようやってくれたな」と思っています。四日市が全国に先駆けて規制をして国が後を追ったのだから、「公害の原点・四日市」というのは間違いないと思っています。

片岡◉それでは後半としてお聞きしたいことがあります。澤井さんは今も磯津の患者さんたちとの交流が続いているということですが、いつも学校に出前授業で来ていただく時は澤井さん・野田さん・山本さんに前でしゃべっていただいています。その時、澤井さん野田さんはとてもいいコンビですね。二人の息がすごく合っていて歴史を感じますが、澤井さんから見て野田さんとの初めての出会いの印象とか、今までに野田さんから叱られたことや「嫌い」になったことなど、そういうエピソードがありましたら聞かせてください。

澤井◉時には塩浜病院に呼びつけられて怒られたこともありますが、嫌いなんて思ったことは一度もない。私を信用してくれているのでしょうか。一つ事件がありました。原告の瀬尾宮子さんが亡くなって後、高校生だった長女の学校生活を巡って新聞記事になったことがありました。私は何も知らされていなかったのですが、野田さんから電話がかかってきて、新聞が置いてあって「誰がこんなことをした」と叱られたことがありました。そんな時でも一番まっとうなことを言うのは野田さんでした。長女の方も今は平穏に元気で暮らしているようですから何よりですが。

片岡◉そういうお話をもっとお聞きしたいのですが、いろんな活動や地道にありのまま記録をしていくことで、周りを変えていくという澤井さんの運動の仕方を私自身も学ばせていただきました。子どもたちもすごく学ばせていただいています。

また、今度の資料館については新聞報道なんかに地元で反対されたとしか出ていなかったのですが、地元の人全員が反対されたのでもないようなことが澤井さんの記録には書かれています。反対とか賛成というのは総意でなされるわけではなくて、澤井さんたちのような草の根的な活動が重要だと思いますが、「地元の方」というような表現についてはどう思われますか。

澤井◉だいそれたことなど思っていませんが、公害資料館に関しては何年も前から市長に要求してきました。ある時の市長は選挙前には「何とかする」と言っておきながら、当選すると「難しいですな」というようなこともありましたが、今度の市長は必要性を認めてつくると言ってくれました。二度とああいう被害を出さないためにも資料館ができるというのは大変いいことだと思っています。

いま、関係者は細かい作業をされていますし、どんな内容のものができるかは明らかになっていくと思います。これまでの何代かの市長の時代とは全く違うので、ああよかったなという安堵感はあります。

片岡◉それではここで第一部は終了させていただきます。ありがとうございました。

（休憩）

会場1◉1950年代当時の繊維工場の労働組合運動について、労働条件をよくする積極的な側面と、却って労働者の成長を疎外するような側面などがあったと思いますが、現在の時点から見てどのように考えているのかお聞かせください。

澤井◉紡績工場というのは塀の中に工場があり寄宿舎もあるということで、塀の外のことについてあまりとやかくいうことはなかったと思います。女子工員たちは女子労働者には違いないけれど、彼女たちの中には実家の農業のことが密着しているので、農民を抜きにして労働者を語れない。そんなことで彼女らを「百姓娘」といって、先進的な労働者に批判されたこともありました。あの頃は塀の外のことで、ずいぶんいろんな社会的問題がありましたが、あまりそれに関わり合うということは正直言ってしてなかったと思います。紡績の労働組合は全繊同盟として全国的に組織されていました。東亜紡織は羊毛部会に所属していましたが、紡績で三泗地区労に加盟していたのが泊支部だけです。そんなこともあって外からの批判が強かったと思いますが、塀の外の運動まで手が及ばなかったのが実情だと思います。

片岡◉当時の労働組合も労働者の味方というより、会社よりの組合ということだったのでしょうか。

澤井◉御用組合ということですね。はっきり言えば繊維関連の組合というのはだいたいそうです。従業員は圧倒的に男性が少ないのですが、労組の役員は男性。女性が圧倒的に多いのに力をもっているのは男性なんです。女子工員の使っている織機が故障すれば男性に修理をしてもらわなければならないから、どうしても男性に頼ってしまう。異常な社会でもあるわけです。それが繊維工場の塀の中でした。

会場2◉労働組合と重なるかどうかわかりませんが、四日市公害の中では政党が重要な位置を占めていたと思います。澤井さんは政党とか政治家の方々とつかず離れず、どのようにやってこられたのか、心構えのようなものをお持ちでしたら聞かせていただきたいと思います。

澤井◉実はその辺は弱いところですが、私の勤めていた紡績工場は同盟系の工場で三泗地区労に入っていました。地区労は総評・中立労連・無所属といったところですから、政党はあまり頼りにならないと思っていました。政党は票を稼がなければならん、そういう中で公害反対運動というのはどの程度政党の力になるのか。社会党系の組合さえも「お前が公害反対のビラを撒いたのはけしからん」となるわけです。それは自分の生活圏を守るためなんでしょうが、実際に被害者が続出し自殺者まで出た。何とか公害をなくさなければならない。そのためには自分で培った生活記録運動を生かして何か運動に役立ちたいと思い、せっせと磯津に通ったわけです。磯津というのは四日市公害の吹きだまりでした。磯津に行かないでどうして公害反対運動ができるのかっていう思いが当時もありました。

会場3◉有名な文学者の野間宏さんとか木下順二さん、それに中野重治さんが澤井さんのことを書いていますが、こうした方々について何かお聞かせください。

澤井◉そうですね。私自身はそういう文化人の方たちによって救われたという思いはあります。一つの事例として1960年代の操業短縮に関わる問題がありました。製品のダブつきを調整するために従業員を6ヶ月休ませて失業保険でつなガせるというやり方です。６ヶ月後には再雇用するというのですが、希望者がなかなかいないので指名解雇が行われた。東亜紡織泊工場でも１２０～１３０名程度で、綴り方グループにもあったんです。それで当時の四日市市立労働会館に30名くらいが集まって「私、帰らん」と頑張り出した。そんな時に鶴見和子さんに相談したり、木下順二さんや日高六郎さんが四日市まで来てくれました。それで工場へ行ってもらって「６ヶ月経ったら必ず再雇用するように」と、会社と労働組合に交渉してくれました。口約束なんですがそのことを新聞が書いてくれたので、ほぼ全員が６ヶ月後に戻ることができました。ただ、その間に私が懲戒解雇にされましたが。

私の解雇理由は「うその理由で有給休暇をとって作文教育の全国協議会（１９５4年8月・秋田）に出席をした」ということです。退職金も何もないわけですからしばらく社員寮で頑張っていましたが、労務課長は「火も水も使うな」と言ってくるので寄宿舎から出ました。それで松阪の弁護士で地方労働委員の人に相談に行ったら「そんなことでクビになることはない。クビになったら救済の相談に来なさい」と言われて安心していたんです。ところが会社の懲戒決定は組合・会社双方６名ずつでなされていて、同数だったのを委員長が工場長なので解雇が決定してしまいました。ひそかに女子工員たちが反対署名を一晩のうちに半数以上集めてくれたのですが、効果なくクビになりました。それで津の地労委に相談に行ったら今度は「これは危ないです」となった。どうも会社の手が回っていたらしい。

しばらくしたら大阪本社の人から電話があった。私は大阪本社扱いの社員でしたから。いろいろ情勢を聞いて大阪の裁判所でやった方がいいということになり、弁護士さんも労働法に詳しい人を頼むことができた。ここでも木下さんや日高さん、鶴見和子さんが弁護士に会ってくれた。そうした応援もあって裁判は4年かかりましたが「解雇無効」の勝訴判決が出たのです。会社の方からはその前に「退職金はずむから和解して退職を」という話がもちかけられていたのを拒否したといういきさつもありましたので、会社は控訴すると言ってきた。高裁で闘うか和解で退職か悩んだのですが、女子工員たちは操業短縮で郷里へ帰っているし結婚適齢期というのもあるので、「絶対闘おう」という彼女らを説得して「和解」を受け入れて退職したわけです。

その後5年に一回ずつ長野県の伊那で集まりを持っています。皆さんもう間もなく80歳になりますが、近々四日市に来ることになっています。そういう意味で紡績工場での綴り方運動をやってよかったなと思っていますし、私は幸せだったなと思っています。

小学生への公害学習

会場4◉現在も続けておられる「語り部」活動について、この活動をするようになったきっかけと、この活動を通して印象に残っていること、あるいは興味深いエピソードがありましたらお聞かせください。

澤井◉そもそも「語り部」を始めた最初は、四日市の教職員組合から電話があって「名張の先生が四日市へ子どもたちを連れて行くから公害学習をしてほしい」と頼まれたことなんです。判決から10年ほど経った頃です。市内の小学校を当たってもやってくれそうな先生がいないというので私の方に回って来たということで、これが最初ですね。その当時、ほとんど小学校で四日市公害学習がなされていないという状況でした。次に奈良教育大学付属小学校が毎年来るようになりました。最初は私一人で始めて、患者の母親に頼んで一緒にやってもらったりしていました。そんなある時、塩浜小学校へ立ち寄ったら校長さんが顔なじみだったので、教室を借りて学習ができるようになりました。当時は四日市市内よりも伊賀とか松阪の小学校でたくさん行われていて、現在も継続中の学校がいくつもあります。その後、野田之一さんと「語り部」を続けるようになり山本勝治さんや伊藤三男さんたちとも一緒にやれるようになりました。

片岡◉時間になってきましたが、まだまだ澤井さんは口に出して言えないことなどいっぱい知ってみえます。たくさんの記録を読ませてもらいますと、そういうふうに運動というのは成立していく、ものごとを変えていけるんだなということがよくわかります。たくさんの資料も用意していただいています。後でご覧ください。本日はこれで終了させていただきます。澤井さん、どうもありがとうございました。

▼感想（1）……片岡千佳

澤井さんの公害問題への立ち向かい方は決して誰にも真似ができないということを、今回の講座のインタビューを通して実感しました。特に、紡績時代に一緒に生活記録活動をされてきた女子工員さんたちが、高齢になっているにも関わらず第二の故郷である四日市に集まってみえたことに驚きました。これは澤井さんが女子工員さんたちとともに社会や自分の暮らしを見つめる力を高めたり、問題を解決していく力を培ったりした取り組みが、彼女たちの「生きる力」となっていったからでしょう。自分たちにこの「生きる力」をつけてくださった澤井さんにぜひ会いたいという強い思いがあったからこそ、四日市に足を運んだのだと思います。澤井さんのお話や記録には、問題解決のために一人ひとりが自分流にどう行動すればよいのかというヒントが、私たちにもたくさん示されていると思いました。

四日市の公害問題は終わっていないことを改めて感じる貴重な学習会でした。私も一人でも多くの子どもたちに四日市公害の事実や問題に出会わせ、澤井さんたちの取り組みを伝えていきたいと思いました。インタビューさせていただき、本当にありがとうございました。

▼感想（2）……藤本洋美

「記録する」ということの意味を今もずっと考えています。書くことで、自分や目の前の問題と向き合い整理し、周りの仲間とその問題について語り、共有し、そしてまた向き合う。その繰り返しの中で女子工員さんのように、外に向かって生きていく力をつけていく。様々な問題に当事者意識をもって対峙するということを、なかなかしてこなかった自分というものを認識すると同時に、では、子どもたちに何が問えるのだろうかとも思いました。書くということは目をそらさないことだとも思いました。

「いろんなことを知りすぎてつらいんですよ」と資料室でぼそりと言われた澤井さんの言葉が、今も心に残っています。様々な事実と向き合う強さとしなやかさ、黒子という立場に徹する澤井さんの人としての大きさを感じずにはいられませんでした。

なかなかうまく質問できなかったのですが、澤井さんには今回の講座の意図や、会場にみえた方の想いを汲み取ってつなげてお話いただき、ありがとうございました。そして直接伺える機会をいただき本当にありがとうございました。

第8回（5月31日）

企業人としてみた四日市公害

語り手◉今村勝昭（塩浜在住・元三菱化成勤務）
聞き手◉深井小百合（三重テレビ放送社員）

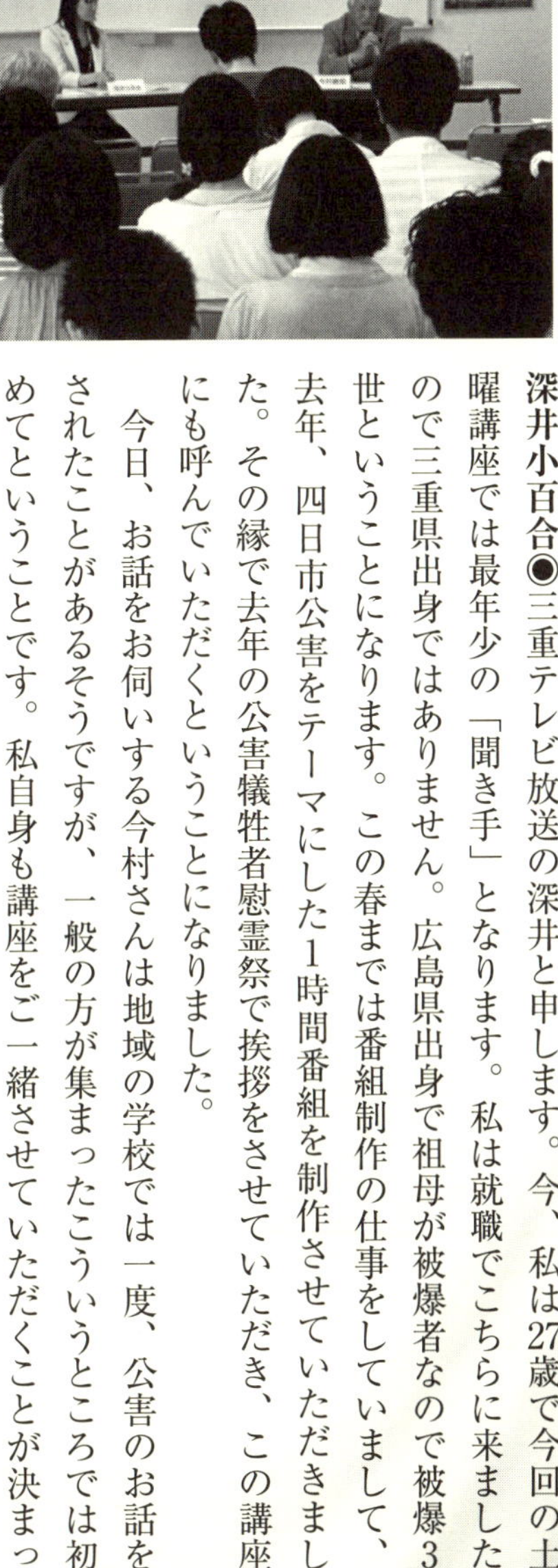

深井小百合◉三重テレビ放送の深井と申します。今、私は27歳で今回の土曜講座では最年少の「聞き手」となります。私は就職でこちらに来ましたので三重県出身ではありません。広島県出身で祖母が被爆者なので被爆3世ということになります。この春までは番組制作の仕事をしていまして、去年、四日市公害をテーマにした1時間番組を制作させていただきました。その縁で去年の公害犠牲者慰霊祭で挨拶をさせていただき、この講座にも呼んでいただくということになりました。

今日、お話をお伺いする今村さんは地域の学校では一度、公害のお話をされたことがあるそうですが、一般の方が集まったこういうところでは初めてということです。私自身も講座をご一緒させていただくことが決まってから、初めてお会いさせていただきました。まず、私がインタビューさせていただく前に今村さんご自身から自己紹介と少しお話をされますのでよろしくお願いします。

今村勝昭◉私は昭和17年12月の生まれで当年とって71歳です。おみえの中で昭和30年以前に生まれた方……。私と同じような社会経験をされていると思いますが、それ以前昭和31年から63年までの方……。それ以降平成の方……けっこうおられますね。なぜ、このことをお尋ねしたかといいますと、時間軸の中でそれぞれ体験が違っているわけです。価値観の見方も変わってくる、そういうことを念頭においてこれからの話を聞いていただきたいなと思います。お配りした資料の中で「自分史の中の公災害」と書いています。公害だけじゃなく災害の話も少しお伝えしたいと思っています。

公害に無関心だった高校生の頃からありますが、ここで私自身の気持ちをお伝えしたいと思います。私は公害訴訟の被告会社6社（石原産業・中部電力・三菱油化・三菱化成・三菱モンサント化成）の中の一つ三菱化成に昭和36年から勤務していました。途中昭和52年に東京へ転勤をしておりますので、まさに公害の訴訟開始（昭和42年）から判決（同47年）まで5年近く、四日市工場の総務担当の中で、若干ですが裁判関係にも携わっていたということになります。

被告企業は判決で負けましたし控訴もしませんでした。私としては当然のことだろうと思っていますが、原告の皆さん、野田さんは残っておられますが8名の方は既に亡くなられました。また、多くの公害認定患者の方々に被告企業としてご迷惑をかけたということに関しまして、この場をお借りしまして、従業員の一人として心からお詫び申し上げたいと思います。どうもすいませんでした。それではお話をさせていただきます。

出身は塩浜ですから、昭和17年に生まれて52年までずっと塩浜にいまして東京への転勤を経て、平成6年にこちらに戻ってきました。約18年、東京にいましたが人生71年ですから大半は塩浜で過ごしております。

「企業戦士」であった頃

深井◉そして、今村さんにお話を伺いながら考えてほしいということがあるそうなんですが。

今村◉はい、後ろの掲示に「四日市公害を忘れないために」と書かれています。私自身は忘れたいのですが、忘れられない事です。では「公害」の反対語は何なんでしょうか。「好き」の反対語は「嫌い」、「大きい」の反対語は「小さい」ですが、「公害」の反対語は何かということを考えながら、私の話を聴いていただければと思います。

昭和40年代の工場

私が高校生になりました時は昭和33年ですから、既にコンビナートは動き始めていました。しかし、当時は公害などには全く無関心でした。高校は富田にある四日市高校に通っていましたが、当時はまだ菜の花畑が田園地区にはありまして、全く公害なんてことは頭にありません。むしろ、当時、安保闘争「60年安保」というのがありました。今は集団的自衛権問題が出ていますが、安倍総理の祖父・岸信介さんの時代です。これは全国的な闘争で我々高校生までそういう問題に関心を持たざるを得ない。憲法9条とは何ぞや、とかいうことを学校の中で授業ほったらかしてやっていた時代でした。私は全く落ちこぼれの高校生でしたから勉強そっちのけでそちらの方に行っていたことが多くありました。

その後36年に三菱化成に入社しました。前年8月に面接試験がありまして、工場へ行きました。当時は学生服ですから詰め襟の真っ黒な服で行きましたら、上からバラバラ白いものが降ってくる。これは何だろうと思いながら入社試験を受けまして合格しましたが、その白いのはカーバイド。三菱化成は東邦化学と合併をしてカーバイド生産をしていましたが、これはコークスと石灰と電気を混ぜて作るのでどうしても埃が出て、粉じん公害となる。その時は全く「公害」という意識はなく「工場とはこういうものなんだ」という感覚しかなかったです。地域に対して迷惑をかけ大変な思いをさせているという感覚は、正直言ってなかったです。

企業人になりまして、昭和50年まではまさに「企業戦士」でした。会社のことだけで「滅私奉公」という、いわば自分を殺して公（おおやけ）に尽くすというような時代です。それからしばらくして「マイホーム主義」というのが出てきますがずっと後のことです。我々が教えられたのは生産活動を通じて社会に貢献しているということです。昭和33年から40年くらいまでは高度経済成長で、日本の国を豊かにする、国民の生活を楽しいものにする、テレビとか洗濯機などを多くの人に供給できるような態勢を作っていくというのがあったと思います。終戦直後は「ひもじさ」を解消するためには生産力を上げなきゃいかん、そのためには肥料が要る、肥料を作るためにはアンモニアが要る、アンモニアのために工場を作ろうということです。第2海軍燃料廠跡に日本肥料という会社ができまして、そこでアンモニアの生産から肥料の生産を始めました。それと同じく石原産業も肥料の生産を始めた。肥料を作るということは国民の生活の安定供給のためにやっているんだと教えられ、我々は生産活動の一部を担っていたということです。

会社の中では「安全表彰」と「生産表彰」があるんです。安全第一というのは誰でもいいますが、生産表彰というのがあります。今月は先月よりも10トン多く作ったからよく頑張った、だから表彰しましょう。作れば作るほどいいという社会環境、生産環境という状況なんです。その中に「安全」はあるんです。「安全」というのは従業員の安全です。周囲の安全じゃないんです。従業員の安全を第一に考える。物を作るのは人ですから、従業員がケガをするということは生産力が落ちると考えれば当然のことだろうと思います。

安全第一ですがそれは生産につながる安全第一。そういう時代であったと理解していただきたいと思います。

昭和36年に入社しまして総務課に配属となりました。総務というのは文書の発信・受信、法律的な問題、対外的な折衝であるとか、官辺手続き（役所へ行って許認可をとる）、そういう仕事があります。そんな中で庶務関係には「地元対策」というのがあり、私はそこの担当になりました。何故そういう名前があったかといいますと、地元からクレームが来るんです。「カーバイドの粉が飛んでくる」「洗濯物が汚れるから、何とかしてくれ」「くさいにおいがするが何とかならないか」「さっきどこかのプラントでドカンと音がしたが何だ」というようなことが再三にわたってあるわけです。私はそれらの窓口で地元へ行ってお詫びをして事情を説明し、皆さんにご迷惑をかけないようにしますという、メッセンジャーボーイみたいなものです。私自身に解決する力は正直言ってなかったのですが、いわば企業内の厚生省なんです。外の皆さんの苦情を受け付けて、それを企業内の生産部門に反映しないことにはよくならないんです。国で言えば、私は厚生省（現・厚生労働省）で片や通産省（現・経済産業省）ですね。どんどん作れというのは通産省、きちんとした形で作れと言うのが厚生省、今でいえば、環境省ですよ。

そんな部門の担当で、私が地元からいろんな苦情を聞き、それを社内で生産部門に反映する。そこで葛藤が起きます。プラント整備をきちっとやって粉じんがないように、あるいは汚染物質が飛ばないように、においが出ないようにするためには設備改善をやらないとできない。当然、設備投資が必要になりますがそれは一朝一夕でできるものではありません。会社として相当な投資を伴うものですから、我々地元対策の方に対症療法的に何とか辛抱してもらおうというような感覚で任せてきたというのが実状だと思いますね。昭和36年から42年頃まで続いていた現象だろうと思います。

私はその後、46年には労働組合の仕事をやっています。企業と労組というのは資本と労働者の関係だという人もいますし、いろんな言い方もありますが三菱化成という会社は「企業米びつ論」、企業から原資を取り立てて我々は労働を提供するという感覚でありましたから、一般的には御用組合かといわれましたが、どちらかといえば労使協調路線であったと思います。労使がともにいろんなことを一緒に考えていこうという、労使協調路線の企業体でした。今はほとんどの企業がこの路線に行っているように思いますが。

ただ、昭和46、7年頃は、全国的にイデオロギーの対決と言いますか、米ソの冷戦時代のまっただ中にありましたから、いろんな意味で労使関係にも緊張感がありました。特に成田闘争であるとか、いろんな闘争・学生運動が非常に盛んな時期でしたから、企業も裁判の判決の時（昭和47年7月24日）には、学生運動が昂じて変な格好にならないかなという、変な格好というのは成田のように火炎瓶ぶち込まれないかなというような心配まで、若干はしたことがあります。そこまでの警戒も実はしましたし怖れも持っていました。そのような状況でしたね。

深井◉今村さんが入社されたのは今から50年以上も前です。私が生まれる25年前になりますので、高度経済成長期の日本でみんなが日本を盛り立てていこうという戦後復興の時代だというのがわかりました。会社内では総務の仕事をされていたということですが、１９６０年代には「くさい魚」が問題化してきています。今村さんご自身は公害がひどくなってきたという実感はありましたか。

今村◉私自身、社内的には実感はあまりなかったのですが、むしろ工場の外に出て塩浜駅だとかその周辺に立つ時、非常にいやなにおいがしました。これは自分の会社から出ているものではないというのは自分ではわかりました。よその会社から出ているにおいが塩浜地区に充満しているという感覚はありました。それと、背骨の曲がった魚が出てきた。私の家内が塩浜の出身で磯津にも親戚がありました。その頃に「磯津のコウナゴはちょっと無理や。今年はちょっと回せないぞ」という話も聞きまして、だんだん磯津の漁業が衰退していったかなという気はしています。

もともと、公害の始まりは大気汚染じゃなくて排水から来ているのではないかという気がしています。排

磯津漁民一揆（昭和38年）

水のほうが早く海を汚していたのじゃないでしょうか。大気汚染のほうが罹患する時間軸が長かったのか、健康被害にまで及ぶには少し時間的に間があった。魚のほうが早く反応したように思います。体力的にも小さいですし曲がった魚が出てきた時は、えっ、こんな状態あるのかなと正直驚きました。

私の会社もカーバイド以外に肥料など作っていたのですが、40メートル近い煙突がありました。それが磯津まで飛んでいるという印象は全くなかったです。そういう感覚はありませんでした。重油を焚いていますから当然その中にSO_2が含まれているわけですが、その感覚もあまりなかったです。私は総務の人間として近隣の地元（曙・大井の川・海山道・七つ屋・馳出の各町）を訪問させていただき、いろんな話を伺っていました。昭和36年頃から三菱化成はカーボンブラックという製品を作り始めていまして、隣の曙町辺りには黒い汚染物質が飛んでいくという苦情はたくさん来ました。それでもカーバイド程度ではそんなに汚染はないということで、（自分の会社についての）汚染という考えはあまりなかったです。

石油化学では2エチルヘキサノールというものを作り出しますが、そこから出る排水は我々から見ても油分が入っている。そういうのを流していくのはそんなに悪いのかという感覚、煙突は煙突で当時の排出基準を守ってるという感覚だけで、法律の規制の中で生産活動をやっているのだから、という思いはほとんどの者がもっておったと思いますね。経営の幹部も含めて、法律の中で我々は活動をしているという思いはあったと思います。

深井◉塩浜小学校でマスクを配っていたりとか、地域がそういうふうに対応に追われていたりしていたとかいうことも、企業の中には伝わっていなかったのでしょうか。

今村◉現在50歳くらいの方が経験者であろうと思いますが、小学校の子どもたちがマスクで通っているというのは何となくわかっていました。けれども、校内でうがいや乾布摩擦をして、空気清浄機の中で授業を受けマラソンをしている。マラソンは日本地図を書いて今日はどこまで走ったというようなかたちで競争をやらされている。そういう健康管理をやっている。そこまで教育委員会や学校がやっておられるということは正直言って伝わって来なかったです。たぶん、企業の中には父兄の方もおられたはずですから、わかっておったと思うのですが、そういうことを企業の中で言われる方はまずいなかった。後で聞いて、そうだったのかという程度でした。

深井◉地域の対応も企業の中には当時は伝わっていなかったということですが、今村さんご自身はお母様が公害認定患者ということでした。四日市市では延べ２２００人を超える人が認定患者になり、そのうちのお一人がお母さんだったわけですが、どんなご様子だったか覚えていらっしゃいますか。

今村◉母親が公害病認定患者だったのは事実ですが、いつなったか私は覚えていません。いつ認定されたかも記憶がないのです。その頃、私は新婚当時で同じ屋敷内でも別の建物だったということもあるのですが、母親が公害患者でぜん息で苦しんでいるようすを直接見る機会はほとんどなかったです。翌朝おやじから「おいゆうべは大変やったわ。おふくろがぜいぜい言って」ということは聞きました。私が目にしたのは1度か2度くらい、「今日は調子悪いんだな」ということは。

公害病認定患者の方々は私の周囲にも何人かおられるのですが、引っ越していかれた方もおられますし、常時吸入器を持って生活されている方も相当数おられました。ただ私自身が認定患者ではなかったものですから、あまり母親が認定患者だったからどうのということは思っていなかったです。

被告企業に勤めながら

深井◉当時は働くのに必死だったみたいであまり家族のことは意識されてなかったということですが、1967年とうとう公害裁判提訴となります。会社が公害で訴えられるということは考えてみえましたか。

今村◉正直言って会社が訴えられるなんてことは、思ってなかったです。6社が訴えられたわけですが、当時コンビナートは8社だと私の頭の中にはありました。つまり6社だと味の素と日本合成ゴムが抜けているという感覚があり、なぜ訴えられるのが6社なのかということでしたが、提訴されたわけですから弁護士が入って訴状の内容を検討していきます。弁護士というのは「三菱化成はシロです」というところから入っていくわけです。犯罪と一緒です。「シロです」という理由は何か、からです。「私の会社の煙は磯津には届いていません」「それだけの量は出ていません」というところからの計算です。

イギリスの煙道の流れの計算式にサットンとかボサンケとかがあります。当時は今のようなコンピュータはありませんからタイガー計算機とかで技術屋さんが一生懸命計算して、うちの煙はやっぱり届いてないということになるんです。そういうことで裁判に負けるという感覚は最初はありませんでした。社内でもあまり訴訟について語らなかったですね。あえて触れないというのかも知れません。触れたところで一従業員ではどうしようもないということかも知れませんが、みな静観して日常の仕事に追われている、それが実態だったろうと思います。

そうこうしているうちに裁判がどんどん進んでいき証人尋問が始まります。その中で非常に関心をもったのは大阪市立大学の宮本憲一さんです。この方は、四日市に企業が来て、四日市はよかったのか悪かったのかという経済面からの証人でした。さらに三重大学の吉田克巳先生の疫学の証人尋問がありました。その証言を聞いた時に「おっ、これはすごいことになってきたなあ」。それまで僕は疫学という言葉を正直知らなかった。どういう学問なのかよくわからなかったんです。しいて言えば統計学ですね。それを使ってSO_2濃度と磯津地区における呼吸器疾患の罹患率との間の有意性を、疫学調査の中で出してきた。これはひょっとすると……。さらに共同不法行為という言葉が出てきた。いくら煙が届いていないと言ったって、三菱油化・三菱化成・三菱モンサント化成、これらは三菱が全部入ってる。昭和四日市石油の中にも三菱の資本が入っています。これで「三菱」に限定すれば共同不法行為ということにつながるなという思いがだんだん強くなってきました。

ここに学生さんがおられますけれども共同不法行為という言葉は既にご存じかと思います。あなた方が喧嘩して4人で1人の相手を殴り、もし相手が亡くなったら4人が共同正犯になります。俺はちょっとしか手を出していないと言っても共同不法行為。そういうことです。三菱化成と三菱モンサントに対する判決内容には「煙は届いていません」と書かれています。しかし、資本の塊は三菱であり三菱油化の親会社は三菱化成ですから、もうそれはしょうがない。三菱油化の操業は三菱化成の操業と同じであるし三菱モンサントも同じです。そういうことを考えると共同不法行為というのは成立するな、そんな思いはありまして、判決前あたりから「これは負けるなあ」という思いはありました。会社は負けたら困るだろうと思っていましたが、私の中では、負けてもいいんじゃないかという思いがありました。それは私が塩浜地区の住民だったこともあるかも知れません。母親が公害病認定患者だったということも一面にあったかも知れません。そういう現実を見ている私としては、この裁判は負けてもいいのかなという思いが、企業人とは離れた一私人としてあったことも事実です。

深井◉裁判は5年に及びましたが、社内ではあまり裁判の話はされなかったということです。今、振り返ってみて、自分の会社は実際はあまり公害の原因になってないのではないかという思いはありますか。

今村◉裁判の一番の中心だったのはSO_2です。亜硫酸ガス濃度だけが取り上げられたということは、亜硫酸ガスそのものが呼吸器疾患に悪影響を及ぼすということ。ただ、それ以外にも企業からはばい煙とか悪臭、騒音、排水等いろんな汚染物質を外に出していることは事実だった。法規制の中で出してるとはいうものの、流していることは事実だった。その点は我々も現場の人に聞くと、排水溝というのは悪い水流すから「排水溝」であって、きれいな水を流す排水溝があるか、と言うんですよ。そんな感じです。それが実感だったと思います。

プラントというのは絶えず掃除や定期修理をします。そうすると油もこぼれますが、排水溝しか流れるところはないですから、それをわざわざ汲み取って退けるのは当時としてはやらなかったです。排水問題で四日市がこれはいかんなと思い出したのは昭和42年頃じゃないかと思います。排水処理のために活性汚泥という技術が生まれてきます。その時は三菱化成・三菱モンサントと味の素、日本合成ゴムの4社で共同排水処理場を合成ゴムのプラントの中に作りました。各社の汚水をそこに集めて調整して、バクテリアに食わせて水をきれいにするというシステムが最初で、何年かするうちに技術的開発の目処がついた。今はほとんどの企業が活性汚泥装置を持っていると思います。我々が排泄する屎尿も活性汚泥処理されているはずです。そんなふうに技術開発はぼつぼつと進んできています。法律を守るだけではダメなんだという感覚が、だんだんと企業の中に芽生えてきた結果だと思います。排煙のことで言えば「総量規制」という言葉が新たに生まれてきました。今まで個別の煙突で排出量が決められていたのが変わりました。これは非常に大きかったと思います。

当時は、企業の技術よりも法のほうが少し早めにできたような気がします。技術がなかなか追いついていけないという状況にあったように思います。裁判も昭和47、8年に提訴されていたら逆に技術は付いていったかも知れません。その頃には少しずつ技術開発ができて亜硫酸ガスの脱硫とか脱硝とか活性汚泥だとか、様々な技術が出てきて、迷惑をかけるような状態が違っていたかもしれませんね。5～10年、企業側の技術開発の遅れの裏返しになるんですけどね。

今日は学生さんが多くみえているし皆さん方にお願いですが、法律的な感覚をもって社会をみてほしいということがあります。これは私が裁判を通じて学び得た大きな感覚ですが、法律感覚をもって社会のいろんな現象をみるということです。まだ日本は訴訟社会になっていません。アメリカなど海外ではかなり訴訟の世界ですよ。たとえば道路にへこみがあってそこへ車が落ちて傷ついたらどこに文句言います？　市道であれば市役所に、県道なら県庁に訴えればいいんですよ。行政側に管理責任というのがあるわけです。そういう感覚が我々日本人にはちょっと少ない。逆にこの裁判を通じて、法律感覚を持って自分たちの生活を見つめ直すことの大切さを教わりました。それから物事を始める時には、将来どうなるであろうかという予見可能性といいますか、これも裁判から教わった大事な思いです。この現象は将来どうなるのか。5年先10年先どうなるのかという時間軸で見ていくと違った見方もできる。非常に大事なことと思います。

その他に判決が教えてくれたということでいえば、企業はいろんな法に基づいて活動していくのを基本にするということです。行政にはもうちょっとしっかりやってほしいと思っていますが、石原産業事件のことです。平成20年ですから最近です。コンプライアンスの事件。この時、石原産業は約30件に及ぶ法律違反を表に出して、自分の会社がこれだけのことをやっていますと自ら公表し、社長や幹部が入れ替わりました。

この事件の元凶はフェロシルトですが、石原産業は過去にいろんなことがありました。ご存じかと思いますが、海のGメンと言われた田尻宗昭さん。四日市の海上保安部の警備救難課長をやっておられて、石原産業と日本アエロジルの廃硫酸たれ流し事件を摘発して、四日市の海をもっときれいにしなけりゃいかんと訴えた方です。後に東京都の公害局長になられましたが、たまたま私は仕事の関係で知り合いました。非常に温厚な顔をされているのですが正義感の強い方でした。私も何度か怒られましたが。私の仕事は、三菱桟橋に船が着くと四日市港管理組合と海上保安部に必ず届け出をしなければならない。それはいいのですが、着いた船が油漏れや液漏れを起こす、ゴミを捨てる。それの管理監督責任は我々三菱にあるということで、こっぴどく怒られたことがあります。

栈橋にはケミカルタンカーが着くわけですから火災、爆発の恐れがあるということで田尻さんといろんな話をして、三菱栈橋の改造計画を進めました。田尻さんの意見は企業内を説得するのにもの凄く役に立ちました。田尻さんが言ってるのだからやらなきゃダメだということで、放水銃とか水膜銃とか、監視所の高さを3階まで上げるなどやって、田尻さんから「ようやってるね」と言われたこともあります。田尻さんは私の会社だけでなくどこの会社にも四日市港を守れよ、きれいな海にしなさいということを言いたかったのだろうと思います。公害Gメンと怖れられていたようですが、私にとっては決してそんなことはなかったです。

田尻宗昭さん

石原産業事件で三つの効果があったと思っています。一つはコンプライアンスを守るという考え方がマスコミにも取り上げられて報道されました。行政もこれはいかんということで石原産業に指導をしたようです。石原産業も反省し、四日市のコンビナート企業各社にも、法律をきちっと守って生産活動をしなくてはいけないのだということを改めて思い起こさせたということです。

二つ目は許認可事項をやっている行政自身が見過ごしていることとです。企業から出てくる許認可の申請書を十分に読み切れていない。かつて全国で建築基準法違反事件がありましたが、それと同じような事で企業から出てくる申請書を読み取って、内在している問題は何なのかを行政の監督官が読み切れていない。そのことを石原産業事件が行政側に反省を促し、しっかりとやるようになったということです。

それから住民です。住民が企業活動をしっかりウオッチしていかないと企業は何をしているのかわからない。これは塩浜地区連合自治会にとって大きなプラスになりました。そういう機運が連合自治会並びに地区の住民の皆さんの中に生まれてきたというのは非常にいいことだと思います。

最終的には石原産業事件によって四日市市の公害防止協定は見直しをされました。その中で生まれたのは協定値というかたちで国の基準、県の条例の基準さらに市の基準で生産活動をやってくださいということです。これは大気・水質等々を含めて国よりも厳しい基準で出しているわけです。正直言ってこれだけ厳しい規制値だと操業するのも難しいのではと思うくらいにギリギリまで頑張ったところで決めています。四日市市のコンビナートは三カ所ありますが、公害防止協定の見直しが進められたという意味ではよかったのではないか。石原産業事件そのものは決していいことではないけれども、それを起点にして見直しにつながったのはいいことだと思う。行政や住民の感覚も変わりました。

今日は市議会の議員さんもおられますが、あの石原産業事件の時にきっちりと対応してくれた議員さんはあまりいなかったですね。選挙の時には「何かあったら言ってください」と言いますが、こういう問題の時には、私たちも一緒に活動しますからと言ってくれた議員さんは、残念ながらいなかったですね。四日市市には36人の市議、7人の県議がいますが誰一人として一緒にやりましょう、一緒に活動しましょうと言ってくれなかったのは残念に思っています。

企業の変革と地域の思い

深井◉裁判中の話から一気に現代の話に行ってしまったので、ちょっとだけ戻します。裁判で敗訴しますがその後、今村さんの総務ではどのように対応されたのでしょう。

今村◉まず会社の中には今までなかった環境部というのが昭和45年にできました。まだ判決の前です。既に国のほうは早くから公害対策基本法などが出てきまして「環境庁」も作っています。企業のほうはとてもじゃないが追いつかない。社内に環境部ができますといろんなものが浮かび上がってきます。ここが悪い、これをどうしようということが出てきますので、この組織ができたのは非常によかったと思っています。ただ、それで総務の仕事がなくなったかというとそうでもありません。やはり地域とのコミュニケーションは大事で、地域の方が企業をどう見ているかという点に関心をもって企業活動をやらないとダメだと、今でも思っています。環境部ができたから法律的なことは全部任すということではなく、企業は常に周辺住民の方々の生活への影響を意識しておく必要があります。

判決以降会社が変わってきたということだと思いますし、労働組合もそれまで労使会合の中で話し合うのは安全衛生だけだったのですが、環境問題を取り上げざるを得なくなった。環境に対する意識が変わってきました。これはやはり裁判の大きな成果だと思います。裁判そのものは、原告側の全面勝訴で損害賠償の裁判なんですが、お金の問題だけじゃなくて社会環境を変えたという、社会に大きな一つの変化をもたらしたということが、この裁判の大きな意義だったと思っています。四大公害裁判と言われていますが大気汚染ということでは、四日市公害裁判は唯一です。さらに疫学とか共同不法行為あるいは予見可能性というかたちで、他の裁判にも影響を与えている、これは非常によかったという思いをその後、もちました。

深井◉その後、ということは判決の出た当時は、会社はどうなるんだろうかというお考えはあったのですか。

今村◉会社がどうなるかということはあまり考えなかったのですが。後で聞いた話ですけど、経営の上層部では三菱の三つの工場（化成・油化・モンサント化成）を一つにしては、という声があったみたいです。現実に今は三菱化学という会社で一つになっていますが、当時からそういう発想があったようです。現在は多くの企業を傘下に入れて三菱ケミカルホーディングカンパニーとしてまとめていますが、この流れはグローバル化とも関係があります。日本の化学会社の4割近くは海外生産、海外で作って逆輸入しています。日本からは技術が出て行って東南アジアなどで生産して製品として帰ってきますから、「メイドインチャイナ」と書いてあっても日本製品ですね。ここでちょっと注意したいのはＰＭ２・５ですが、中国から流れてきているとはいえ日本が行って生産している可能性もあるわけです。日本企業は環境問題に厳しいですが、グローバル化になると変わってきます。そういうことも含めて頭の中に置いておくべきでしょうね。

深井◉今村さんご自身は会社を退職されてから自治会員そして川合町自治会長などをされて、企業と話し合いをしたり交渉をされていますが、ずっと企業と地域に関わってこられてちょっと残念だなと思われたりしたことなどはありますか。

石原産業

今村◉約19年関東の方へ行っていまして空白期間がありますが、戻ってきて塩浜地区を見た時はあまり変わってないな、相変わらずコンビナートはあるし……ということでした。私が連合自治会の役員になったのが２００８年で、ちょうど石原産業のコンプライアンス事件がありました。要求書を持って社長に会いに行きました。当時の四日市市長の井上さんにも面会を求めて要求書などを出しています。井上さんはなかなか言うことを聞いてくれなかったのですが、石原産業はまだ素直に話を聞いてくれました。本社の一部機構を四日市にもってくるとか、社長は週に一回は四日市工場に顔を出しますということで、その変わり方はそれなりに評価はできます。今までは嫌なところを隠そうとしてきた石原産業がオープンマインドになりました。むしろその方が楽だというんです。皆さんにあちこち指摘されて、そこを直していった方が、企業としても楽であると。

塩浜地区として石原産業に要求したのは、３・11の東北大震災がありましたが南海トラフで同じようなことが起きるのではないかということです。その際大津波が四日市港に来るのは80分程度といいながらも、誰も予測できない。石原産業のフェロシルトが津波で流されて塩浜地区に流れ込んで来るんじゃないか。それは困るということで要求書を出しました。石原産業に積んである22万トンのフェロシルトは平成28年3月末までには全部撤去できる見通しです。四日市市の環境部や県の副知事にも会って行政の指導も要求しています。

これも卑近な例ですが、昨年、コンビナートで小火(ぼや)とか小さな事故やトラブルが続きました。連合自治会としても見過ごすことができないので、各社に5項目の要望を出しまして、四日市市にも報告書を出しましたが、1月9日、三菱マテリアルで爆発事故が起こりました。5人の方が亡くなり、13人が怪我をされています。三菱マテリアルとしては誠意をもって被害者の方々に対応しています。それを機に我々は四日市市長に対しコンビナート企業の安全運転の管理監督強化と、災害防止協定の見直しを要望しました。現行の防止協定は昭和50年くらいに作られて全く見直しがされていない。精神条項だけが残っている感覚なのでそれを見直してください、と。

行政としても3・11以降、ものの見方が変わってきています。コンビナートを抱えているということは四日市にとってはプラス面とマイナス面があるわけで、災害はマイナスなんです。それは市民にとっても大きな不安です。コンビナートのプラントが爆発するんじゃないか、ガス漏れで自分たちがそれを吸うんじゃないか。津波でタンクやタンクローリーが流されてくるんじゃないか、等々考えればいくらでもあります。そういうことを災害防止協定の中に織り込んで、小さな災害でも情報提供をきちんとしてほしいということです。極端な言い方をすれば塀の中で何が起きているかわからない。それはないようにして欲しい。

さらにこの際ですから皆さんに知って欲しいのは四日市港なんです。付近に昭和四日市石油とコスモ石油のシーバースがあり、30万トンのタンカーが着けられます。それ以外にもケミカルタンカーがいっぱい走っています。１５００トンクラスのタンカーが三菱やコスモ石油の桟橋に着いたり、他にもアンモニアを積んだ船が着いたりいろんなことがあります。それが津波の時にどうなるのか。５ｍを超えた津波が押し寄せてきた時にどうなるのか。その想定が我々にはよくわからないのです。

昭和34年9月の伊勢湾台風の時に1万トンの貨客船が吉崎海岸に流れ着いた。四日市港に停泊していたのですが、台風の高潮に押し流されてアンカーが負けて海岸に打ち上げられ座礁しました。あれがコンビナートの中に入っていたらどうなったのか。そういうことは起こり得ることなのでぜひ関心を持ってもらいたいという思いはあります。

最後になってきましたが、企業は全く何もしてこなかったというわけではないと思っています。やはり脱硫装置を付け脱硝装置を作り高煙突化を図ってきた、そういう努力はあります。高煙突については面白い話がありまして、テレビの電波障害問題がありました。ＮＨＫは半径５００メートル以遠は大丈夫と言ったんですが、実際はそうではなくて住民からクレームが相次ぎ高感度アンテナを付けて回ったことがありました。これも公害と言えば公害です。そんなことも企業活動の中でありました。

深井◉企業内の総務で対応してきた時とは逆の立場で、企業や行政に要望を出すという活動をされているということですね。ちょっとお時間も来てしまいましたので最後の質問です。来年3月開館します公害資料館について、一時期塩浜が候補地になりましたが、そのことについてのお考えをお聞かせください。

今村◉公害資料館ですね。塩浜地区の健康増進センターの一部を割愛して作るということについて、連合自治会でいろいろ議論をしました。資料館そのものについて反対をしているわけではなくて、せっかく健康増進をするための施設の一部を退けて中途半端な公害資料館を持ってくるのはいかがなものかという思いがあります。たしかに公害訴訟は磯津＝塩浜地区で提起され被告企業6社も塩浜地区にありました。その歴史的なところはよくわかりますが、公害問題を広く世界に発信するというのであればむしろアクセスの便利な場所を考えるべきではないのか。一方、県や市の環境関連施設がバラバラにあったりするので、公害資料館をつくるのであれば県・市が対応して、基本的に独立した建物としてやるのが筋合いじゃないかという思いはありました。結論的には博物館内にできるということで、本当は独立しているほうがいいのでしょうが、アクセスからいくとあの場所に作っていただけるのでいいのかなと思っています。

深井◉最初にお話をしていただいた「公害」の反対語についてお聞きしたいのですが。

今村◉「公害」の反対語というのは、どういう環境になれば公害がなくなる環境が作れるのかということを考えて欲しかったからです。企業がなくなるとかなくすとかということではなくて、原始時代に戻れということじゃなくて現代という文明社会の中での、「公害」の反対語とは何なのか。環境作りはどうしたらいいのか。「快適」という言葉が一つの大きなヒントになって、そういう形を目指して企業活動をやっていく。我々の活動もそういうことを企業や行政に要求し、仲間たちとも話し合いをして、社会運動の一環としてポジティブな考え方、ネガティブに捉える「反公害」という言葉じゃなくて、公害を一つの起点にしながら次の社会をどう作っていくか。そういう方向にもっていかないと昭和47年7月24日で止まってしまいます。判決時点で止めちゃだめだと私は思っています。判決で勝った負けたではなくて、それ以降どうしていくかということが私たちに求められているのではないかと思っています。

深井◉ありがとうございました。現在のお考えや資料館のことなどまだまだお聞きしたいことはありますが、時間が来てしまいました。後半は会場にもいろんなお考えの方がいらっしゃると思いますのでお伺いしたいと思います。今村さん、ありがとうございました。

（休憩）

会場1◉今村さんは現在、自治会長として企業と対面しながら、四日市をよくしようと活動されていますが、企業の側からするとそういう活動はあまりよく思われないと思うのですがいかがでしょうか。

今村◉非常にいい質問だと思いますが、地域と企業の共存共栄とか共生という言葉があります。企業側はほとんどＢＣＰ（ビジネス・コンテニュー・プラン）に沿って企業計画を進めていくという考え方に立っています。企業活動は地域社会の了解がなければ継続できないという考え方が徐々に浸透していっています。私が10年前に四日市に戻ってきて活動を始めた時、被告6社の総務の担当者は公害裁判の判決文を読んでいるのか、判決内容を知っていて企業活動をやっているのか非常に疑問に思いました。その点については突つきました。嫌がられました。塩浜の今村はうるさいと、多分思われていたと思います。でも、話を重ねていくうちに、今村の言っていることももっともだ、というところに近づいてきましたが。石原産業はオープンマインドになりました。自分の会社の恥部を隠そう、クレームをつける住民には会いたくない、逃げたいというところが多かったのですが、4年前のコンプライアンス事件以降オープンになってきました。

市との公害防止協定の第8条には「企業は地域としっかりコミュニケーションをとりなさい」と書いてあります。行政的にも位置づけられているわけです。我々は塩浜地区の12社と付き合っていますが、工場見学とか防災訓練とかいろんな形で企業と接点を持っています。実際に企業が事故、トラブルを起こして消防車が駆け込むようなことがあった時には、塩浜地区関連事業所防災連絡会がありましてそこで事故内容、通報活動、原因対策、防止対策などについて報告会をもつように仕組みを変えてきています。やはり、自分たちが変えていかないと企業側から変えてくるものではありませんし、行政も一体となっていかないと。行政抜きで企業と民間だけでやるのは変な形になってしまうので、行政が一枚噛んでくるというのは極めて大きな意味があります。また、塩浜地区には南部工業地域環境対策協議会（南部協）があって、コンビナートと行政・住民が環境・保安問題をともに語り合う場をもつようになっていますし、内容も3・11以降大きく変化してきています。企業側には決して嬉しい質問ではなく嫌がられる質問しかしませんから、そういう意味では嫌がられているでしょうが、かつてほどではないですね。ウエルカムではないでしょうけれども。

会場2◉かつて「四日市公害と戦う市民兵の会」のメンバーが、企業の中で活動していたと聞いたのですが、今村さんが企業にみえた時、同じ会社内に公害運動に参加していた社員の人たちはいたのでしょうか。

今村◉私がいた三菱化成では「市民兵の会」とか「公害訴訟を支持する会」に所属して活動していたというのは知らなかったです。隣のモンサントには共産党系の皆さんが駅頭でちらしを配ったりしていたし、その中には僕の友人もいましたが、三菱化成の中にはいなかったです。我々も労働組合をやっていましたから、共産党系の人たちと理念の違いはありましたが、労働組合の問題はきっちり通しているという自信はありました。公害問題についても会社にモノはしっかり言うという思いはありましたから。

会場2（再）◉次は深井さんにお尋ねします。今回の今村さんとの話し合いについてその準備も含めて、今まで以上に四日市公害への理解が深まったことはありますか。

深井◉今回初めてお会いさせていただきました。今までも公害の取材をする中で原告の方にはできるのですが、被告企業の方にはお願いできなかったり、ご高齢であるとか転勤でどこにいるかもわからないということもありました。また危険な工場内へは申請も難しくなかなか受けていただけませんでした。今回は元被告企業の方で、しかも資料館についてもズバッと「塩浜ではなくてもっと都心部に作るべし」など反対のご意見を聞くのは初めてでした。そういう点で理解が深まりましたし、いろんな意見を聞くべきだなと感じました。原告や原告支援の側の意見ばかり聞くのではなく、被告企業の中にいた人たちの意見も聞きたいと思いますし、一方的に被告企業だけが悪いというのもまた違うなと思いました。今村さんも今は別の立場で活動されているので、こんな方もいらっしゃるのかと、改めて四日市の広さを知りました。

会場2（再々）◉先ほど「公害」の反対語ということでおっしゃった「快適」には賛成ですが、その「快適」の中身が問題になります。快適というのは多くをあまり求めすぎないこと、「オール3」とか「ほどほど」というものになるんじゃないかと思っています。水俣病がなぜ起こったのかを考えると、原因の一つはあまりに過剰な快適さを求め過ぎたからだと思いますので、「公害」の反対語は「快適」中身は「オール3」と理解しました。

今村◉「公害」という言葉の持つ重みといいますか、人によって受け取り方がすごく違ってきているのではないかと思います。塩浜地区の中には磯津という公害病認定患者の多い地区があります。公害病というかたちでおカネをもらって、それは当たり前なんですが、生活が狂ってしまった人も何人かいるわけです。公害がいまだあるのかないのかという印象の中で、あそこにはお嫁に行かせないとか行かせられない、そんなことがいっときは言われたこともありました。塩浜から逃げていく人も多かった。塩浜で新しく家を建てようという人はいませんでした。鈴鹿や高花平、笹川のほうへ引っ越し、塩浜の人口がどんどん減っていくバックグラウンドにはやっぱり公害があったのかな。子どもたちや若い人がここはもう住みにくいところだと言う。私自身はそうは思っていませんが、そういう印象を与えてしまうところがあったんじゃないでしょうか。他の地域、たとえば四日市でも中心街や菰野の人たちの公害への認識や思いは、塩浜だとか橋北だとかいわゆる海岸線のコンビナート沿いに住んでいる人たちの公害認識とちょっと違うのかなという感覚をもっています。

会場3◉私は、現在、議会ウオッチャーを続けています。四日市市議会や四日市港管理組合の傍聴にも行っています。お話の中で四日市市の市議や県議の関心の薄さのご指摘がありましたが、私も極めて残念に思っています。どうすれば関心をもってもらえるのか、何かご助言がありましたらお願いします。

今村◉私は四日市市議会のモニターを昨年までやっていまして、委員会の傍聴もしました。そこではいい議論していますが、なかなか外へ出てこない。自分の選ばれる地区には関心があるけれど、たとえばコンビナート以外の地域の選出議員さんは直接関係がないと。あるいは会派別にちょっと感覚が違う印象もあります。石原産業事件の時にそれを感じました。あれだけのコンプライアンス違反に対して、誰一人として連合自治会あるいは塩浜地区市民センターに来て、「この問題について我々にできることはないか」との発言は一言もない。これは極めて残念でした。

それから、今、コンビナートの夜景を見に行くクルーズがあります。たしかに光だけ見ていればきれいにきまってます。それよりも僕が言いたいのは「光はきれいでも海の底はどうなの」ということです。はっきり言って、四日市港はまだまだ汚染されていると思っています。そういうところにも目を向けないと四日市港や伊勢湾はますます悪くなっていきます。宣伝するのもけっこうですが若干いかがなものかと思っています。井上市長の時、コンビナートの光とホタルを抱き合わせたポスターと名刺を作っていましたが、それが行政の姿勢かと正直ガクッときたことがあります。企業のウオッチも必要だし議会のウオッチは市政・県政のウオッチにつながります。

会場4◉先ほど「議員は誰一人としていなかった」と言われたが。少し事実と違うのではないですか。

今村◉たしかに昭和30年代の議員さんは必死になって市長とやりとりもしていますし、公害対策委員会でも厳しい発言をしていますが、今の議員さんには口で言うだけで行動が伴っていません。特に石原産業事件や三菱マテリアルの事故の時にも感じています。議員というのは会派という仲間ももっているわけですから行動ができるはずです。一企業を責めるのではないんです。一企業は事例なんです。一企業に起こったことを横回転させていく、水平回転をしていくというのが災害を防止していくための大きな方策です。こういう会社にこういう事例があったから、他の企業に及ばないようにというのが我々の狙いなんです。

会場5◉公害訴訟については判決の重みをずいぶん評価していただいていて全く同感です。企業の方にも正しく受け止めてもらっていたことを嬉しく思いました。資料館については塩浜がお断りになった原則的なことが聞けてよかった。結果的には近鉄近くでさいわいしたと思っています。塩浜の自治会は平田市長さんの時に地域でもって患者さんの医療費を補償されています。地域の自治会としては先鞭をつけられました。また久しぶりに田尻宗昭さんをご紹介いただきありがとうございました。
会場6◉大学生です。被告側の企業に勤めていた方は公害患者に認定されなかったという話を聞いていますが、その理由は治療や認定を受けると昇進に関わったりするからということでした。今村さんとしては企業内の人が公害の症状で通院とか認定を受けにくいような雰囲気があったのかどうか教えてください。
今村◉事実関係はあまりないと思いますが、雰囲気的には企業内での活動はやりにくいのは誰しもあります。環境問題だけじゃなく施策に対しても反対するのは勇気が要るし、会社からにらまれるということもあります。ただ、公害認定の問題がそれと結びついているのかどうかは疑問があります。私の母親も認定患者だったですが、別に隠そうともしなかったです。一部の企業にそういうことがあったかも知れないけれど、それは何とも言えないな。ただ、裁判の終わる頃から企業はいろんなことで住民との関係を改善しようという流れはありました。施設の開放とか盆踊り大会などです。地域との接点をもってコミュニケーションをとろうというわけです。今ではあまりいい方法とは思いませんが。もうちょっと違う形で工場見学を積極的にやるとか、防災訓練を見てもらうとか、その方が住民の安心感が得られます。子どもの頭を撫でるようなやり方はあまり好ましくありませんね。
会場7◉公害裁判についてですが、被告の企業側が控訴しなかった最大の原因はどんな点ですか。
今村◉裁判は9人の公害病認定患者の方から提訴されたわけです。それ以外にも認定患者は総数で2000人にもなるわけです。控訴となると一審で負けているわけですから、もの凄く時間がかかる。裁判に対するエネルギーや社会的なことも考えると裁判をせずに終えるという方が、双方にとっていいだろうという判断が企業側に働いたと思います。それに、我々が予想していなかったのは国の動きです。公害健康被害補償法という形で取り上げて、公害病認定患者の費用は国が出します、もともとは企業から出ているカネですが、そういう法律ができて、そこ移行していったなという気がしています。だから、企業側も控訴は検討したでしょうが、裁判はもうやめよう、長引いた闘いはやらないほうがいいという判断が働いたのだと思います。

会場8◉大学生です。お話の中で「公災害」という言葉を使ってみえて目から鱗が落ちる思いでした。私たちのように事実を資料で知るとか、お話で伺うことでしか知らないものからは出てこない言葉でした。実際にその時代を生きてこられたからこそ出てくる言葉だと思います。今後、そういった時代を実際に知っている方のお話を聞いた上で、未来に受け継いでいくことになる私たち若い世代に、どういった姿勢で向き合っていくべきなのか、期待などございましたらお話しください。

今村◉企業の内部には公害訴訟の判決の重みとか、判決によって何が育ってきたのかということがうまく継承されているのか、疑問に思っています。コンビナート企業の皆さんと接点をもっても、公害裁判判決についてあまり知らない、当時はまだ入社していませんという方がけっこうおられます。それをうまく伝承していくことをどうやっていくか。実は今、企業はそういう問題だけでなく技術の継承が危ないんです。いろんな事故が起こる元凶の一つにそのことがあります。技術的な問題も含めて歴史的な伝承が大事だと思います。

皆さんに伝えて行く方法というのはなかなか難しくて学校教育の中でどこまで公害問題を取り上げることができるのか。災害の問題もそうです。学校にしろ企業にしろ「訓練」で継承していく。我々地域も防災訓練なんかにつなげながら、まち作り構想の中で伝えて行く必要があると思っています。

深井◉私は三重テレビの社員として四日市公害を取材したことがきっかけで、こういった機会もいただきました。仕事をした時はやらざるを得なかったからやりました。最初はそうだったんです。恐らく今日、参加していただいた学生の方も、意識の高い方だとは思いますが、授業だからということで来られた方もいらっしゃるでしょう。きっかけは何かわかりませんし、聞いていてわからない話もいっぱいあったと思います。私も最初は田尻宗昭さんとは誰か、フェロシルトって何だとか疑問に思うことも多かったと思います。私も最初、そして今もまだまだ知らないことはたくさんあります。でも、皆さん熱心に何時間も教えてくれるんです。それはやはり、私たちに伝えて欲しいからだと思います。

公害を経験した方も戦争を経験した方もいつかいなくなってしまいます。風化して繰り返されることも怖いのですが、この便利で豊かな快適な空間が当たり前のことだと思っていないか。公害で亡くなった方がたくさんいらっしゃって、ぜん息を患いながら闘った人もたくさんいるんです。その人たちが風化させまいと頑張っているのに私たちが何もせず胡座をかいていていいのかなって、取材を続けていて思うようになりました。休みの日とかにも活動させていただいて、このような貴重な機会を与えていただくということになりました。本当に最初のきっかけは何でもないことでしたが、そのお陰で貴重な経験ができたなと思っています。最後に今村さん、ひとことどうぞ。

今村◉塩浜街道沿いにはかつて塩浜中学校と四日市商業高校がありましたが、それぞれ移転をしています。その中学校の体育館に行く用事がありましてふと後ろの壁を見ましたら、昭和54年度卒業生の詩が掛けられていました。四つほど紹介します。（注：紙数の関係上1編のみ掲載）

朝の磯津

夜明けの幕が上がる
朝焼けに海は赤く
波は静か
波のしぶきを受けながら

塩浜中学校体育館の壁面

彼らは網を引く
体にしみついた
魚のにおい
だが　彼らは気にしない
海に生きる男なんだ

これを見て、ああそういうふうに子どもたちは塩浜をみて、塩浜が好きなんだなあと。塩浜から出て行くということではなくて、塩浜が好きなんだなあという思いが込められていて半分ほっとしました。最後になりましたが紹介させていただきました。

［参考資料］　当日配付資料「『自分史』の中の公・災害問題」（今村さん作成）より

1942年　12月：誕生
1945年　8月：太平洋戦争終結（戦争を知らない子）
1948年　4月：塩浜小学校入学（海燃の焼け跡をみながら通学）
1960年　夏　：高校3年。三菱化成入社面接。粉じんが降下し制服に粉が付着。60年安保闘争。
1961年　3月：三菱化成入社。総務課に配属。庶務及び地域関係担当。地元から粉じんに苦情。
1967年　9月：四日市公害裁判提訴。母、公害病認定患者に。裁判の進行に見当つかず。自社の排煙に責任はなく、法規制は遵守しているとの認識。企業の環境対策は始まっている。
1971年　5月：三菱化成労働組合役員となり、職場の環境衛生と手当問題に取り組む。77年まで。

１９７２年　7月：四日市公害裁判判決（原告勝訴）。判決前に被告企業側の敗訴の予感。疫学的立証と共同不法行為の認定による。企業と地域のコミュニケーションを進める。
１９７７年　10月：三菱モンサント化成本社（東京）に転勤。
１９９１年　1月：同社筑波事業所に転勤。
１９９４年　12月：五十鈴産業（株）に転勤し四日市に戻る。
２００２年　4月：塩浜川合町自治会役員。
２００６年　4月：同町自治会長となり、塩浜地区連合自治会の会議や行事に参加し、地区と企業のコミュニケーションのあり方に問題意識をもつ。
２００７年　5月：工場爆発事故の爆風で近隣住宅に被害が発生し、地区内連絡体制を整備。さらに塩浜地区関連事業所防災連絡会（行政・企業・自治会）を設置。
２００８年　4月：連合自治会役員（２０１０年まで）となり石原産業不祥事に対処。四日市市公害防止協定の見直し作業を始める。
２０１２年　3月：東日本大震災発生。防災意識高まる。コンビナートの安全性と避難所の確認。
２０１３年　12月：塩浜地区連合自治会等の連名で第1コンビナート企業等に防災対策を要請。
２０１４年　1月：三菱マテリアル社爆発事故。四日市市長に「コンビナート企業における安全管理の徹底」と「災害防止協定のみなおし」を要請。
3月：市長より「企業への監督強化」と「災害防止協定の見直しを図る」との回答。

▼**感想……深井小百合**

県外出身で四日市に住んだこともない「よそ者」の私に、貴重な機会をくださったことにまず感謝を申し上げます。

お話をお伺いしたのは講座という場に初めて登場した今村さん。どんどん想いがあふれ、話が尽きないといった様子を、私だけでなく会場の皆さんが感じたことと思います。それぞれ違う考えをもった「人間」が一つの時代を生きてきたからこそ、「あらゆる立場の人の話に耳を傾ける」大切さを改めて教えてもらうと同時に、様々な世代が集まって意見を交わしたり、今しか聞くことができない貴重な証言に触れたりする場がもっと必要なのだと感じました。

また、土曜講座では、これまで取材で出会った方や仲間の記者の顔があり、私自身も四日市でできた「つながり」を感じる機会となりました。かつてこの場所で起こったことを忘れず、今の生活を見つめ直すには、一人ひとりがつながりを深め、広めていくことが重要なのではないでしょうか。苦しめるのも悲しむのも、そして伝えていくのも同じ「人間」なのですから。

第9回（6月21日）【特別講座】

「四日市公害と環境未来館」開設に向けて

語り手◉須藤康夫（四日市市市環境部長）
聞き手◉瀬古朋可（シー・ティー・ワイ）

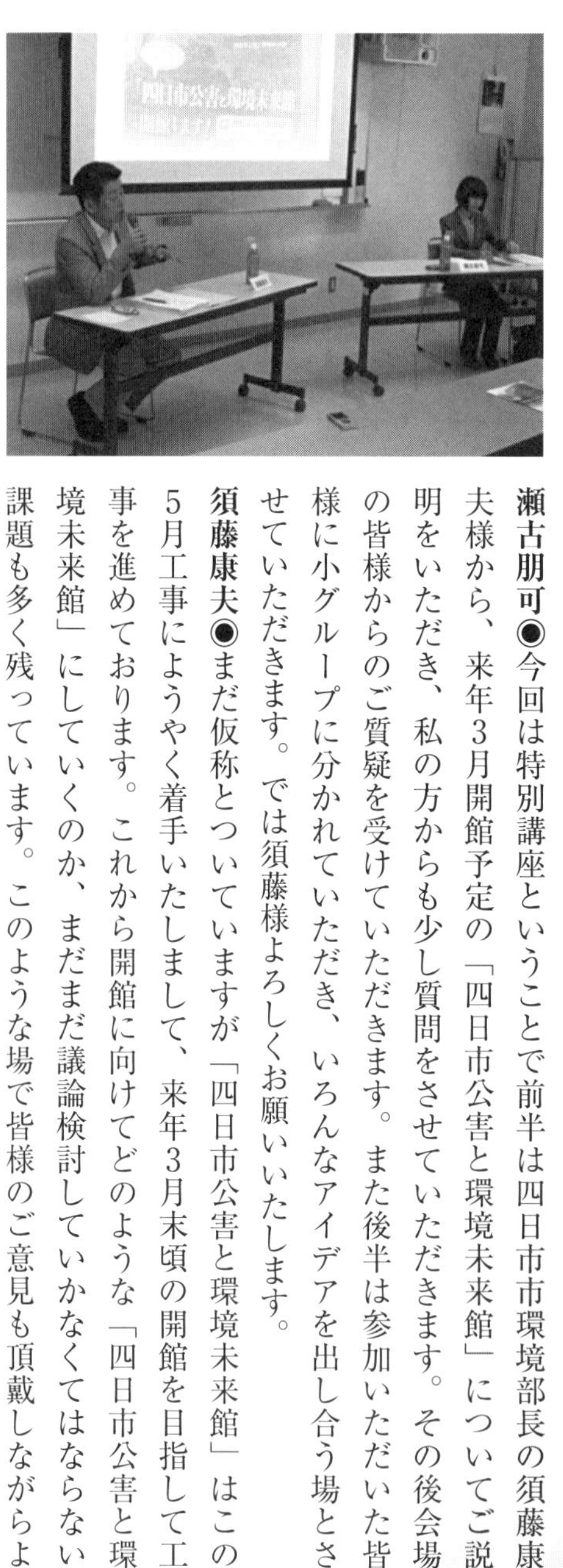

瀬古朋可◉今回は特別講座ということで前半は四日市市環境部長の須藤康夫様から、来年3月開館予定の「四日市公害と環境未来館」についてご説明をいただき、私の方からも少し質問をさせていただきます。その後会場の皆様からのご質疑を受けていただきます。また後半は参加いただいた皆様に小グループに分かれていただき、いろんなアイデアを出し合う場とさせていただきます。では須藤様よろしくお願いいたします。

須藤康夫◉まだ仮称とついていますが「四日市公害と環境未来館」はこの5月工事にようやく着手いたしまして、来年3月末頃の開館を目指して工事を進めております。これから開館に向けてどのような「四日市公害と環境未来館」にしていくのか、まだまだ議論検討していかなくてはならない課題も多く残っています。このような場で皆様のご意見も頂戴しながらより充実していきたいと考えておりますので、よろしくお願いいたします。

まず、「四日市公害と環境未来館」の概要について簡単に触れさせていただきます。パンフレット（およびスクリーン）をご覧ください。表紙は博物館の写真ですが壁面に「四日市市立博物館」と「四日市公害と環境未来館」のプレートが掲示されます。二つの施設が併設されるというかたちです。具体的には1階から5階の中で四日市公害関係は2階と1階です。3階は博物館の常設展示で4階は特別展示室で時々入れ替えての展示で有料会場と考えております。5階のプラネタリウムも今回精度の高い機械に入れ替えます。

四日市公害に関しましては3階の常設展と併せてご覧いただくという流れになっています。入場者は1階のエントランスを経て3階に上がっていただくことになります。3階は博物館の常設展ですが四日市の歴史、特に「道」と「生活」に焦点を当てて過去の四日市から展示をします。ここでは近世までをたどりその後2階の「四日市公害と環境未来館」で近代以降としてつないでいきます。その中で公害の問題、環境の問題を大きくとらえていきます。1階は学習スペースで、現在の環境学習センター（本町プラザ4階）を充実させて移動させよう考えています。さらに活動スペースとして、さまざまな環境に関する活動をしていただくスペースを、隣接の「じばさん三重」の中に整備していきます。

では2階の展示スペース・展示エリアについて詳細を説明いたします。四日市公害に関する展示となります。3階から降りてここに入りますが、まず①「産業の発展と暮らしの変化」となります。これは四日市公害も含めた「公害」が発生するまでの、産業がどのように発展の経過をた

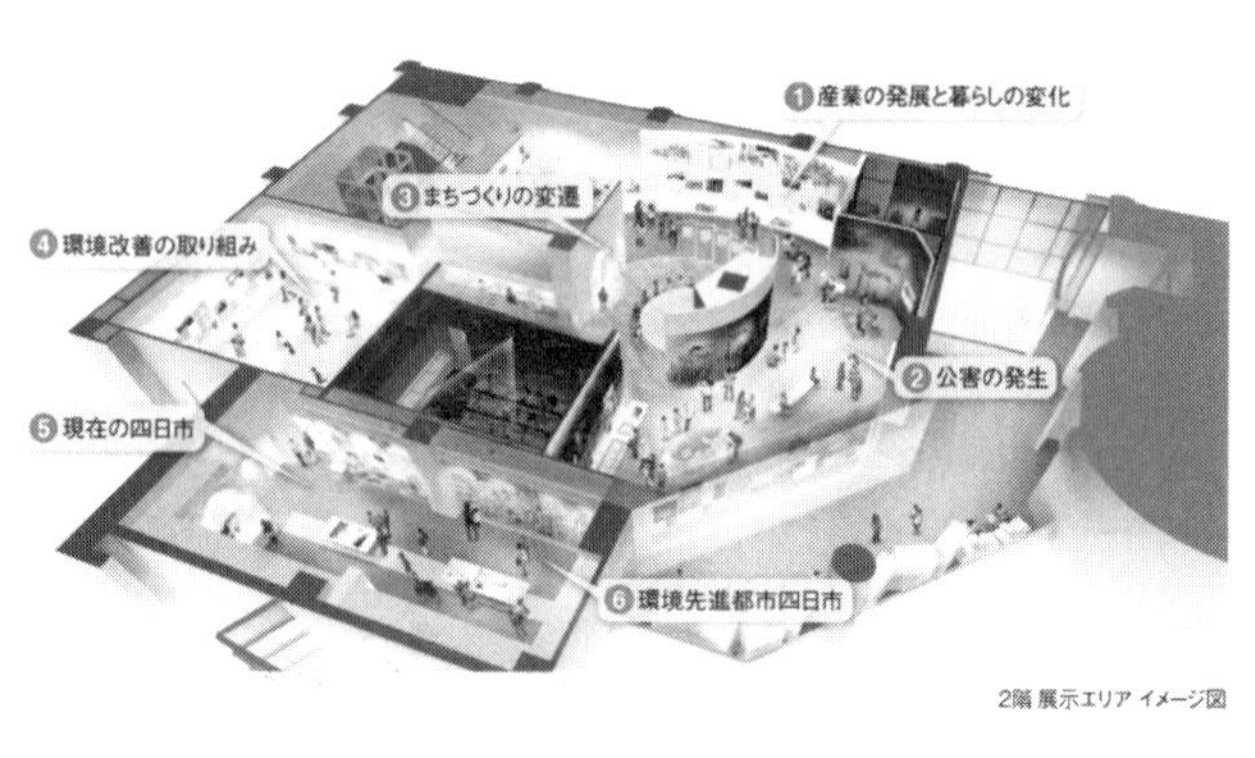

2階 展示エリア イメージ図

どったのか。あるいはそれに伴って市民の暮らしがどのように変化をしてきたのか。つまり、公害の発生する前段階の背景のようなものを展示していきます。それに続く②「公害の発生」では、当時の公害の発生状況を客観的にいろいろな資料を見ていただきます。

③「まちづくりの変遷」は四日市が公害という問題を受けてどのような変化を遂げてきたのか。壁面の映像と下段のホワイト模型を用いて見ていただきます。④「環境改善の取り組み」ですが、公害対策あるいは様々な調査結果をここに集めて展示をいたします。できるだけ実感の湧くように、当時のいろんな実物も可能な限り探して展示します。また当時を知ってみえる方の証言を記録映像として撮影しておりますので、この中でご覧いただきます。さらに「公害裁判シアター」を設置しました。裁判そのものの映像は見当たりませんので、当時活動された方の証言や資料などで構成した映像を3本ほど用意いたします。

続いて⑤「現在の四日市」で、現在の四日市の環境を展示します。現在の四日市の自然のほか、企業の環境の取り組みなどを順次入れ替えるということを想定しています。最後になりますが⑥「環境先進都市四日市」です。決してまだ「先進都市」とまでは言い切れませんが、どういう環境を目指していくのかということを市民の皆さまに紹介していきます。ご来館いただいた方のメッセージ等もこの部分で紹介します。

基本的には公害問題の発生とその背景から、環境改善の取り組みという形を体系づけて皆さんにご紹介、さらに勉強していただきたいという狙いで、このような流れになっています。

次に1階の学習エリアです。奥に研修実習室を設けます。当時の塩浜小学校をイメージできるよう後部にはうがい場（水道）を設け、窓の外には当時の外の風景をグラフィックで表示します。また前部の黒板も当時の雰囲気で公害を実感しながら、学習できるようにしていこうと考えています。あとは図書スペースと学習スペースを設置します。

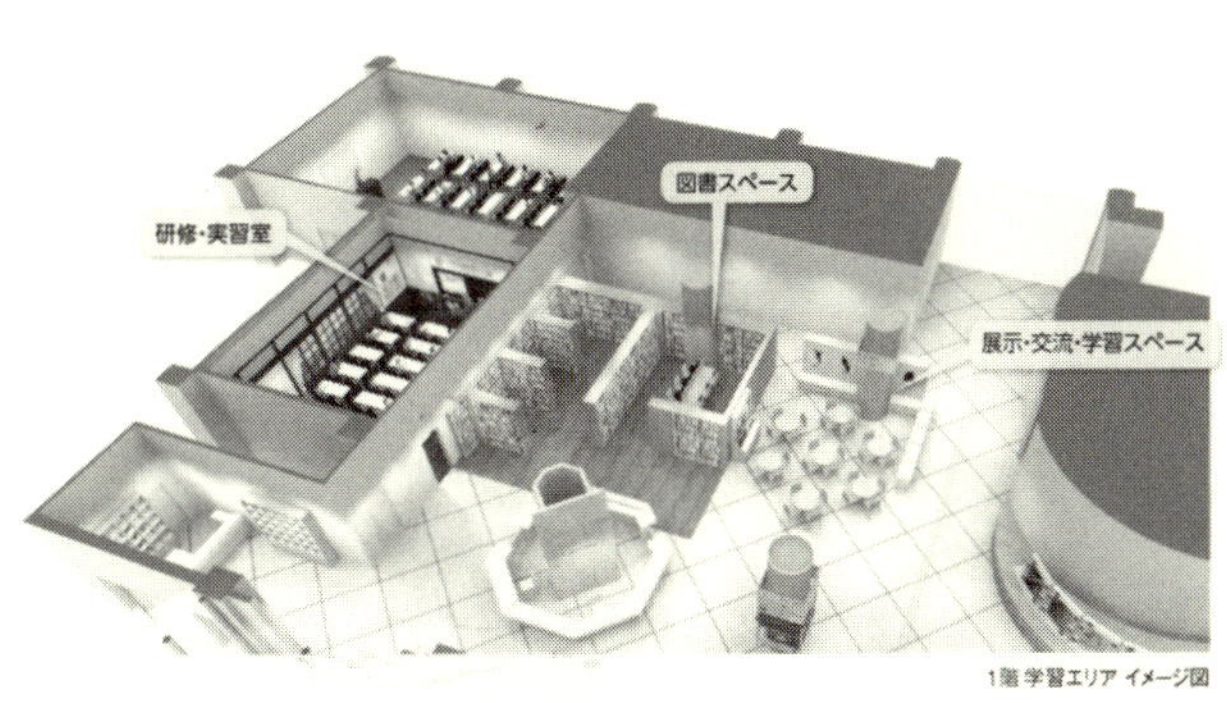

1階 学習エリア イメージ図

活動スペースを隣接の「じばさん三重」2階に設けます。いろんな環境団体の皆さんが環境学習や打ち合わせをしていただける、活動支援のスペースにと考えています。

展示スペースの上階は博物館となります。3階は常設展ですがコンセプトは「時空街道」。古代から近世までの生活の変遷が中心。4階が企画展で5階はプラネタリウム。世界一とも言えるほどの精度の高さで星だけでなく環境学習の面からの映像も映します。

以上が概要です。3月からの皆さまのご来場ご活用をよろしくお願い致します。

瀬古◉それでは、私の方から数点、質問をさせていただきます。

四日市公害の判決から既に40年以上経過しているわけです。以前から市民塾の方をはじめ要望はあったと思いますが、何故いまここに来て「四日市公害に関する資料館」を開館することになったのか。また四日市公害を行政としてどのように捉えておられるのか少しお話をお願いします。

須藤◉「何故、今か」というのはよくお受けする質問です。他の地区（熊本（水俣）・新潟・富山）の公害の資料館につきましては、早くから整備されていますし、公害問題は半世紀も以前から問題になっております。この大きな課題がかなりの年数とともに記憶の風化が危惧されています。また、現在に至っても環境に関しては新たな課題も出て来ています。そのような中で市民の皆様方には改めて環境問題を考えていただく必要性があるのではないかとも考えております。昨今は地球温暖化という問題もございます。

改めて四日市公害、環境問題をその背景から考えていただける施設を、市民の皆さまにご理解いただきながら整備を進めています。四日市公害につきまして大気汚染公害は企業の責任とともに行政の責任も大きく問われている問題でもあります。環境改善は進んでおりますが、四日市公害が現在の環境だけでなくいろいろなまちづくり、産業政策等に大きな影響を与え続けている課題だととらえております。

瀬古◉新しい「四日市公害と環境未来館」の特徴としてどのようなものがあげられますか。

須藤◉四日市公害は社会経済の発展の過程の中で発生してきた問題であり、また国とか市の政策の中で生まれてきた問題でもあります。そのような背景もきちんと説明できるようにしたいと思います。立地場所もいろんな議論がありましたが、結果として近鉄四日市駅前の博物館やプラネタリウムと一体的に整備ができますので、子どもさんや多くの皆さんに気軽に来ていただけます。そうしたメリットを生かして四日市公害と環境を広く見ていただけるのが特徴と思っています。

瀬古◉では、ここから会場の皆さんのご質問をお受けしたいと思います。

会場1◉設置場所は公害で亡くなられた方の居住地区である塩浜とすべきだったのではないか。博物館は今まであまり利用者がないようだが。

須藤◉駅前という場所は四日市以外からの修学旅行のコースにも入れていただいけるような場所でもあり、発展的に考えればこの場所はかなりの意義があると思っています。

会場1（再）◉これからの未来を背負っていく子どもに対しては「公害の原因」をはっきりさせて欲しい。

企業はもちろんのこと行政の責任も大きいので市民に信用されるような仕事をやってもらいたい。きれい事では困りますから。

須藤◉子どもさんたちへの教育は今回の施設では主眼に置いているところです。産業・経済と環境の関係もしっかりと示していきたいと考えています。

会場2◉2点質問です。まず1点。環境学は近現代のジャンルと思いますが大学、特に地元の四日市大学との連携を密にしていただきたい。また津には三重大学がありますし、四日市に県の環境学習情報センターがあります。こういった機関との連携はどう考えて見えるのか。2点目は経費ですが県立博物館は事業費120億円で毎年県債を100億円募集とのことですが、四日市の財政面はどうなっていますか。また入場料はどうなりますか。

須藤◉大学との連携ですが既に三重大学とは連携をして相互に活用していこうとの了解を得ています。同じように四日市大学、名古屋大学、鈴鹿高専とも環境学習・環境教育の視点から協定を取り交わす予定となっています。

料金は基本的には無料ですが4階の特別展・企画展及び5階のプラネタリウムは有料となります。今回の施設整備の財源は電源立地の交付金と合併特例債（2002年楠町と）など特別財源が主で、基本的には市費で賄っていきます。

会場3◉「世界に向けての発信」は可能なのか。

須藤◉現在も天津市（中国）との協力関係があります。館内は世界への情報発信の面から解説は日本語のほか、タブレット端末を用いて英語と中国語に対応します。英語・中国語での解説が見たい方にはタブレット端末をお貸しいたします。個人的な願望ですが将来的にはHPでの閲覧とかバーチャル資料館のようなものも整備していきたいと思っています。

会場4◉「四日市公害はもう終わった」という立場なのかどうか。「環境未来館」という以上、未来の四日市像も含めて考えているのか。四日市公害裁判の意義がどのように生かされていくのか。市民の期待をしっかりと受け止めていく責任があると思う。公害防止計画がなくなっているが今後に向けての考え方を聞かせてほしい。

須藤◉「公害は終わったのか」ということについては、私自身は終わってないと思っています。大気汚染だけでなく災害の問題もあり、裁判で行政が指摘された立地上の問題は大きな課題です。将来にわたって子どもさんたちにも学習してもらいたいと思っています。まちづくりの観点からも現在につながる課題として展示をしていきます。公害防止計画は一般施策の中で環境改善を進めていくというのが現状ですが、環境問題は一番の重要課題と市の政策ではとらえています。

瀬古◉それではここで質問は終了させていただきます。どうもありがとうございました。

〔この後4グループに分かれて意見交換を行い、それぞれ模造紙1枚に整理。以下は各グループ毎の発表である〕発表順。

C1グループ〔講座・企画展〕

いろんな意見が出ましたが、四日市公害裁判について伝えるのはとても重要なので外せません。また、資料館には子どもたちがたくさん来てくれますので、その子ども達が資料館をどう感じたのか、

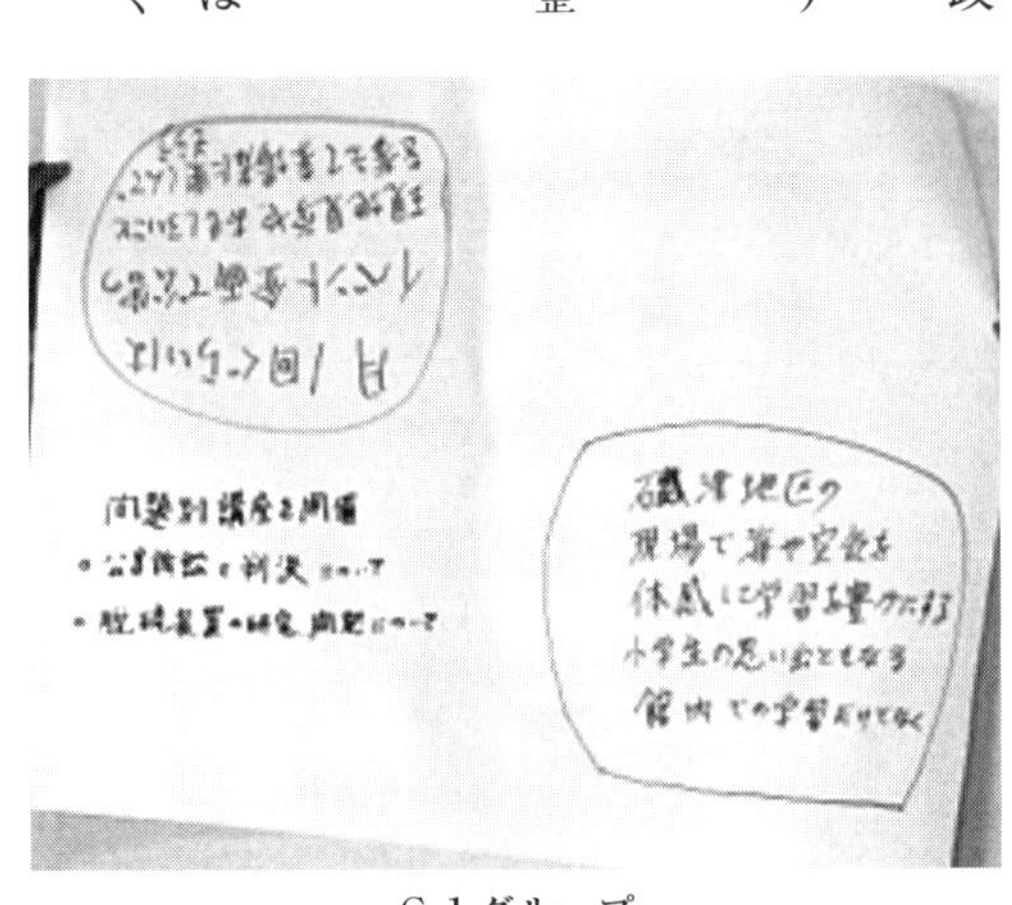

C1グループ

その感想とか作品などを展示して来館者にみていただく企画も大切だと思います。さらに、四日市公害というのは現代史の出来事ですから、同時代を生きた人たちが四日市公害をどんなふうにみていたのか、あるいは解決のためにどんな行動をしたのか。市民グループに限らず個人の考えや行動も少しクローズアップしたいと思います。一市民が新聞に投稿したり、当時の四日市公害の夜空を観測しながら考えていた一主婦、そんな方の紹介もしたいと思います。さらに「みんなで語る四日市公害」という観点から、マスコミがどう伝えたのかも振り返る講座が実現できればいいと思っています。

C２グループ〔講座・企画展〕

四日市公害について大気汚染の観点は今も言われていますが、海の汚染の観点も大事です。磯津地区を現場として海や空気を体感して学習を豊かにする。小学生の思い出にもなるよう、館内だけでなく館外にも出て学習すべきです。講座としては問題別にとらえていくため「問題別講座」を開催していきます。「公害訴訟の判決」について、「脱硫装置の開発・研究」についてなど、多様な講座や企画展を開いていく必要性があります。

硬い内容ばかりにならないようイベント企画を月に一回開催して、現地見学を実施したりみんなで面白い発想を出し合って、来場者が楽しんでもう一回来てみたいと思うようなものを作りたいと思います。

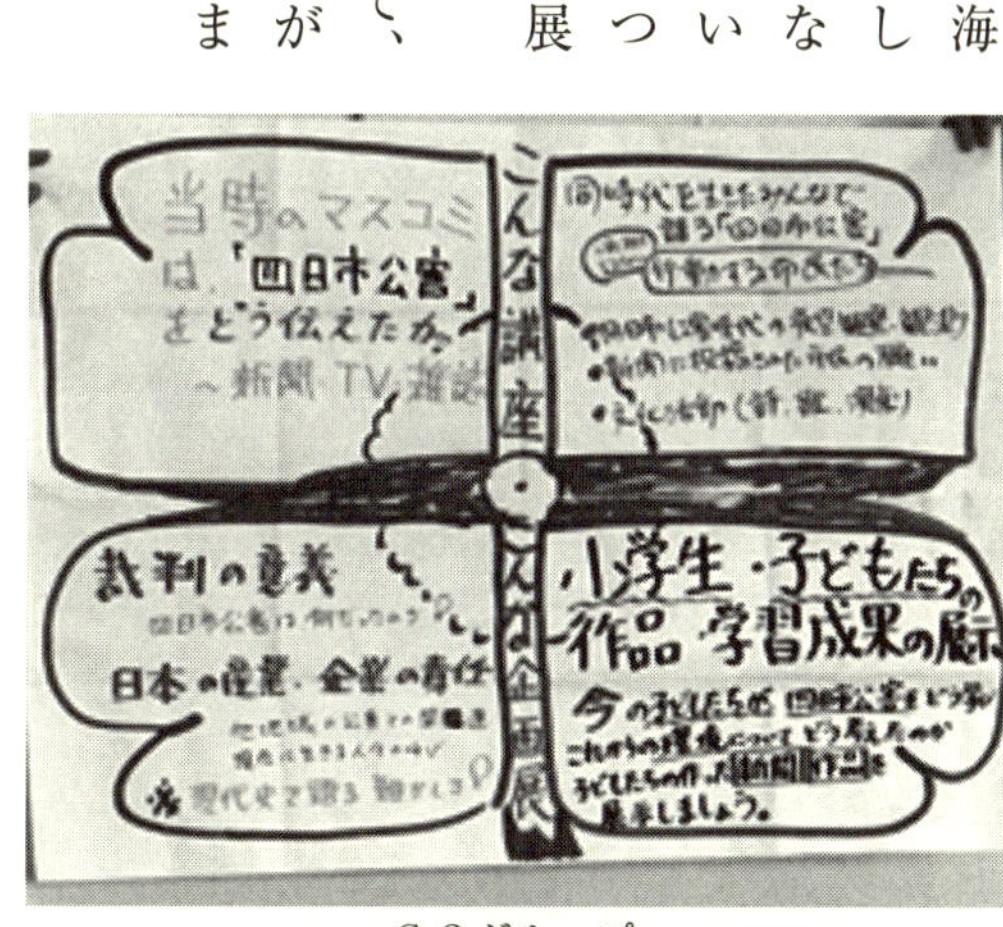

C ２グループ

Aグループ〔宣伝・集客〕

まずは開館に向けて大々的に発表をする。市長さんの発表だけでは物足りないので新聞には特集記事を組んでいただく。宣伝チラシを作って全戸配布をするとか、銀行・郵便局に置いてもらう。集客としてはリピーターをいかに増やすかというのが大事。そのためには7月24日を「市民の日」として、その日は全館無料とする。プラネタリウムも全てみてもらっていいですよと、親子で来てもらう企画を立ててはどうか。「市民の日」を根付かせるための作戦が必要です。企業ともタッグを組んで大人の社会見学を組めるようにして、あまり見たくはないが夜景クルーズとも組んでやってみるのも一つの方法。

家庭で話すきっかけを作るのも重要なので環境教育を広げていきたい。今は小学校5年生で公害教育をする段階ですが、それを中学・高校あるいは大学まで、産業との関連の中で行うとか、テーマを変えたかたちで何度も公害資料館に行けるような形の教育をしていってはどうか。現に四日市大学では「四日市学」で現地見学をやろうとしています。

またプラネタリウムなどを無料開放日とセットにして、幼稚園や保育園の子ども達を増やすというのもいいと思います。5歳くらいまでに考え方は形成されますので頭の柔らかいうちに環境の未来を考えるきっかけを作る。その時には親の参加もOKとすればいいですし、逆にお兄ちゃんお姉ちゃんに向かって「今日みんなで行ってきたよ」と話すきっかけになります。全戸配布のチラシは見なかったり捨てたりするということもあるのできっかけ作りは大切です。ツアーを考えるのも必要ですが、現在の旅行会社の見学コースに入

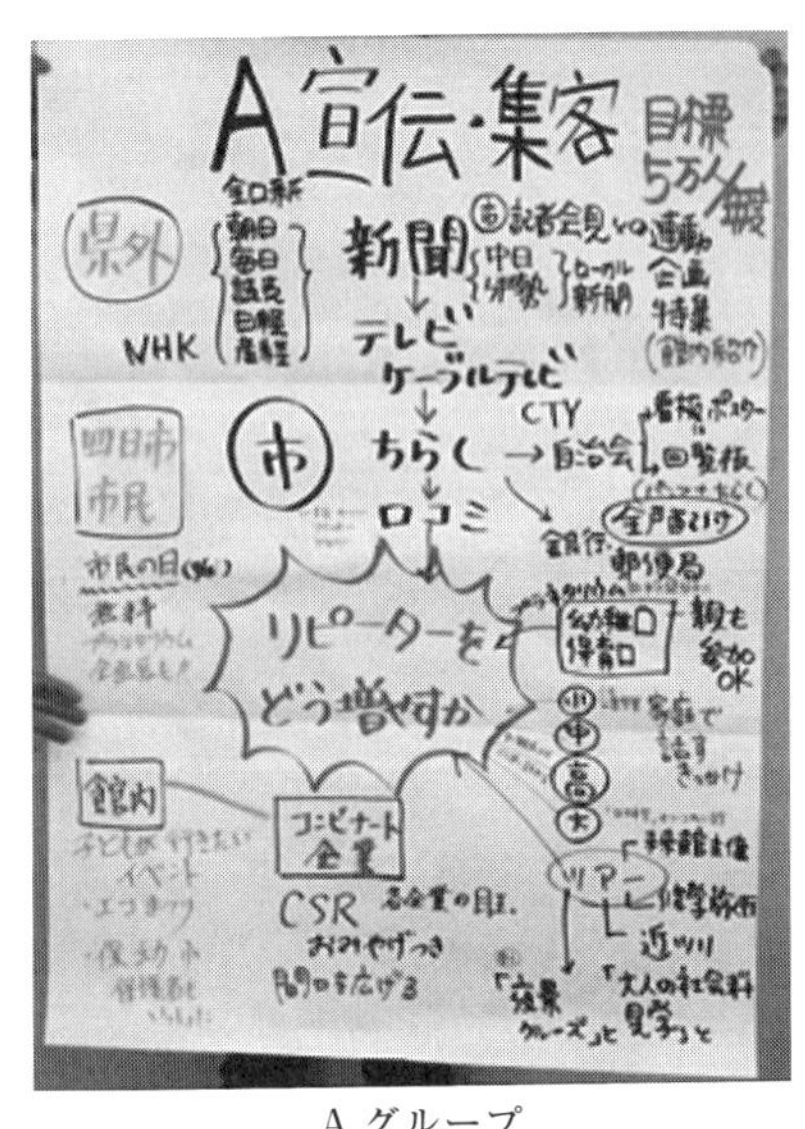

Aグループ

れてもらってはどうでしょうか。5万人目標ということですので、ともかく人数を増やしましょう。

Bグループ〔館内案内・館外学習〕

市制作のパンフレットでは実際にどう展示されるのか不明なので、「子どもの記憶に残るもの」をどうやったら伝えられるのか考えてみました。「五感を刺激する体験」というのが人の心に残ると思います。「みる」という点では顕微鏡で松葉などを覗いたりして当時どんなふうに汚れていたのか、海水の汚れ具合はどんなんであったか実際に調べてみる。それもただ覗くだけでなくその汚れが皮膚に付くと自分の体にも影響がある、ということなどを連想させるということもできればいいと思います。「かぐ」という点では、鼻で大気汚染のにおいを実際に嗅いだり、くさいにおいを実際に子ども達が作る化学実験のようなことができたらいいと思います。「あじわう」という点ではうがいを毎日、しかも何回もしていたということなので、実際にやってみる。体験的に触ったりすると汚れるので手洗いとうがいを同時にやれば一石二鳥の効果もある。「ぜん息」の苦しさも疑似体験できるように設備を整えればと思います。

「きく」は、工場からの騒音の再現とか、こういう環境で日々生活をしていたとか、校歌―工場を讃える校歌があって後に歌詞が変わったという歴史があるので、その校歌を実際に聞いたり歌ったりするなど、全部子どもたちの体に刻み込んでいくという展示を考えました。

Bグループ

どんなに専門的な内容で深く突き刺さるような文章が書かれていても、人の心に残らないものは伝わっていかないし、後世に語り継がれていかないと思います。文章だけでなくカットや挿絵を入れたり、子どもが少しでも展示に食いつくようなエンタテインメント性も入れながら、楽しませていく。その方が「なんか難しかったけど、なんか楽しかったよな」とか「あのにおい、めっちゃくさくていややったよな」とか、そういう記憶が少しでも残っていると、大人になった時にもう一回行って見ようかという気になるんじゃないか、そんな思いを込めて、展示を提案しました。

▼感想……瀬古朋可

知らないうちに全てが決まっていた気がする。「四日市公害と環境未来館」（以下、資料館）について、出席者が漏らした言葉です。それは、多くの市民を置き去りに、資料館の建設・運営が進んでいくことを予想しているようにも感じました。

今回の講座は第一部が行政担当者からの説明と質疑応答。個人としては、複雑な気持ちになった1時間でした。進行役という立場でしか資料館について触れられなかったことへの反省。一方で、思っていたより会場からの発言が少なく拍子抜けしたからです。

しかし、第二部の出席者による意見交換で、資料館運営のアイデアが次々と出る様子や、生き生きとした表情を見て、ああ、これだと思いました。今後は、いかに公害資料館への関心を継続させるか、その輪を広げるかが課題になると思います。今回あがった意見が一人でも多くの人に届くこと、また自分ならどのように資料館・公害に関わるのかを考える手がかりになることを願います。

第10回（最終回・7月19日）

「四日市公害と戦う市民兵の会」について

語り手◉吉村　功（「四日市公害と戦う市民兵の会」発起人・元大学教員）
聞き手◉榊枝正史（「なたね通信」・東産業勤務）

榊枝正史◉進行をさせていただきます榊枝といいます。会社員ですが人前で話すのは久しぶりでとても緊張しています。今回お話を伺う吉村先生のイメージは、とても厳しい方で理論的でストレートに意見をおっしゃられる方だというのがあります。2週間くらい前に打ち合わせでお会いした時も僕はちょっとビビりながら話を聞いていました。今日も質問の中身が曖昧であったりしてお答えしにくいところもあるかも知れませんが、よろしくお願いします。

吉村功◉「吉村先生…」はやめましょう。

四日市公害との出会い

榊枝◉四日市公害のことを学ばれている方は皆さん「吉村さん」の名前を

聞くと、すぐに『公害トマレ』を思い出されたりして、ご存じだろうと思うんですが知らない方もみえますので、まず基本的なこととして吉村さんが四日市公害と関わってきた、一番最初のきっかけのところから教えていただきたいと思います。よろしくお願いします。

吉村◉はじめて四日市及び磯津に来たのは現代技術史研究会という組織の合宿が名古屋であった時です。正確な年月は思い出せませんが、僕がまだ大学院の学生だった時だと思います。その名古屋合宿は2泊3日だったのですが、その世話役の一人が日本ゼオンという会社の組合役員だった方で、彼が、名古屋で合宿やるからには、四日市公害を見に行かなければいけないということで、一日、四日市公害を見に行く日を設けたんです。2日目だったと思います。それで朝、20人くらいだと思いますけど、四日市へ来ました。今から思えばその時案内してくださったのが澤井さんだったようです。四日市公害に関してはこの人が一番詳しいからということでした。案内されて、マイクロバスで磯津に行って、野田さんの話を聞いた気がします。もしかしたら石田喜知松さんの話だったかもしれません。

話を聞いた後、四日市の三泗地区労の部屋がある労働会館でいろいろ議論をして名古屋に戻って、翌日もう一日合宿をやって別れました。それが四日市へ来た最初だったと思います。

榊枝◉その時の四日市の印象を教えてください。

吉村◉四日市駅へ降りた時の「においい」が一番強烈でした。その後も、四日市公害については「ぜん息」よりも悪臭の方が強い印象として残っています。

榊枝◉その後、少し時間が空いてから再び四日市に来られるのですが、その経過について教えてください。

吉村◉私はその頃、水俣病・イタイイタイ病・新潟水俣病等の公害問題に深く関与していて、イタイイタイ病とか新潟水俣病などを通して、実際の反公害運動とか訴訟とかはどういうふうに進められているのか、かなりよく知っていました。

そのうちに名古屋大学に来ることになったのです、東京から。名古屋大学に来て、富山に行ったり水俣に行ってたり新潟に行ったりしているのに、四日市公害に関与していないんじゃ、足もとの方がおろそかになりすぎている。やっぱり一番近いのは四日市だから、四日市に顔を出すべきではないか、四日市公害の問題に関して何かをすべきではないか、というふうに思いました。それで機会をうかがっていたわけです。

榊枝◉それで四日市へはお一人でみえたのですか。

吉村◉名古屋で「公害告発三人委員会」というのを作ったことがあるんです。1970年だと思います。その時、月に1回くらいやっていた例会で、四日市公害訴訟の野呂弁護士を呼んできて話を聞くという試みをしたんです。野呂先生から、四日市公害訴訟と、四日市公害がどんな状況になっているかを聞きまして、参加者一同で、問題のくさい魚を確認しようということになりました。野呂先生がいろいろ手配してくださって、まず磯津に行き捕った魚を食べてみることになりました。実際に食べてみて「うわー　これは大変だ、これだけ石油のにおいが肉にしろ、内臓にしろ、がっちりと付いているものを、いくら何でも食べられるものではない」ということを参加した全員が実感しました。

名古屋へ戻った後、会合を開いているだけでは何にもならない、実際に四日市現地で何か貢献できることをやろうではないか、という話になったんです。それで、現場・現地へ行って何かできることはないか聞いてみようということになり、周りにいた学生数人と四日市に来て、四日市公害訴訟を支持する会の事務局へ行き、何かお手伝いすることはありませんかって言ったんです。その時いた女性が「じゃあ澤井さんを呼びましょう」ということで、澤井さんを呼び出したんです。その辺の話は澤井さんのほうがはっきり覚えていると思います。いきなり呼び出されて、訳のわからない人が来ましたって、ですよね、澤井さん。澤井さんも困ったのでしょう、あの時は。何か手伝いましょうと言われても、何を手伝ってもらっていいのかわからない、というのが本音だったと思います。

「四日市公害と戦う市民兵の会」とは

榊枝◉その後、「四日市公害と戦う市民兵の会」というのを作られていくと思いますが、その時に澤井さんと意気投合したとか、何か一緒にやろうかという話になったんですか。

吉村◉いやその時は、訳のわからない人が来たというのが澤井さんの印象だったと思うんです。その時に澤井さんが言ったことが、裁判が行われている時に労働組合（三泗地区労）の人が日当動員で来て傍聴券をもらうんだけども、もらった後澤井さんのところへ置いて行くものだから手元に何枚も傍聴券が残っているのに、傍聴席には誰もいないという状況がある、それを何とかしたいということでした。それだったら学生でもできますから学生を誘ってきて、前の晩から並んで傍聴券もらって、傍聴を最後までしますということにしました。これがスタートだったんです。

裁判所・傍聴券確保で並ぶ

榊枝◉実際に裁判を傍聴される中で感じられたこととか、お気づきになったことはあるんですか。

吉村◉僕自身はその時既に富山のイタイイタイ病裁判や、新潟水俣病の裁判で弁護団の補佐人的な仕事をしていたんです。補佐人の仕事は科学的、技術的内容に関して資料集めをやったり被告側の主張の内容を吟味することです。僕一人ではなく、現代技術史研究会の中に災害分科会という集まりがありまして、そのメンバーでやっていたんです。四日市に関してはそういうのが全くなかったから、その部分からスタートしようと僕が言ったんです。それだったら僕も含めて大学の学生たちでいろいろ調べることはできるし、そこからスタートしましょうということで、裁判で問題になっていることの科学的あるいは技術的側面について、いろいろ調べて裁判の弁護士さんたちにその内容を説明する。弁護士さんだけじゃなくて当時、磯津の皆さん、原告になっている方じゃない磯津の皆さんにも知らせよう、ということになりました。これが我々の活動のスタートだったと思います。

榊枝◉それで、学生を使われて調査をされたと思うのですが、その学生というのは先生のゼミ生だけじゃなかったんですか。

吉村◉「使われて」という表現はよくないですね。私は四日市で「学生を使った」ことがありません。新幹線公害訴訟に関しては「学生を使った」ことがありますけど。それは何かっていうと、新幹線公害訴訟で証人を頼まれた時に、東海道新幹線の東京から大阪まで、空中写真を調べて名古屋地区の特殊性をデータとして示してくれと言われたのです。その時はさすがに一人ではできませんから学生諸君十数人に手伝ってもらいました。

四日市公害に関してはそういう側面がありませんでしたから、今ここで問題になっていることは何で、それに対して我々はどういう貢献ができるかということをみんなで話し合いながら、いろんなことを工夫して、やり始めたわけです。その一例が検知紙調査です。それは四日市の亜硫酸ガス濃度がどの程度か、目で見えるようにしようということです。中心になったのが当時名古屋大学の学部学生だった奥谷さんと大学院生だった大沼さんや河田さんだったと思います。四日市の汚染を目で見えるようにしようということです。

もう一つの例は学習です。四日市公害訴訟の特徴は支援住民というかたちの人たちがはっきりしなかった。これはイタイイタイ病訴訟と全く違うところです。イタイイタイ病訴訟では実際に被害を受けている人たちとその家族の人たち、周りの人たちが全村落あげて支援に集まってくるわけです。地元の集会には何百人か集まるんです。毎回毎回。そして、そのままむしろ旗っていう感じで裁判所に押しかけるという構造になっているのです。ところが、四日市の場合はそういう構造になっていなかったんです。地元の住民の皆さんが裁判所に押しかけるような状況でないと、裁判は勝てないだろうということで、磯津を中心にして住民の皆さんが自分らの裁判だよと思うようにしなくてはいけない。そのためには学習が必要だと考えいろいろ工夫しました。

つまり一方で訴訟の科学的側面に寄与すること、他方で住民の皆さんが自分らの裁判だと思うようにすること、この二つがその時、我々のできることとして考えたことです。

榊枝◉そのような調査とか、裁判を支援したいという思いが一つのかたちとなったものが「市民兵の会」ということでしょうか。

吉村◉いや、そうではありません。そういう活動を四日市全体に知らせなきゃいけないし、弁護団の皆さんや労働組合の皆さんにも知らせなきゃいけない。そのためには機関誌がいる。機関誌を作ろうではないかということになりました。

機関誌を作ると、誰が出しているかが問題になります。それで会に名前を付けなくちゃいけないということになって、付けることになりました。その当時は「○○市民の会」というのが普通だったんです。だから「○○市民の会」というのを作るのかと思ったのですが、最終的には坂下さんかそれとも澤井さんかが「市民兵の会」というのを提案したのです。当時、中国に「民兵」というのがありました。普通の人たちが戦いに参加する時には「民兵」と言われていました。一方「市民の会」というのがあるので「市民」と「民兵」を合わせると「市民兵」になるというような発想だったと思っています。坂下さんが「市民兵の会」という名前にしようと主張されて、僕はどちらかというと「う〜ん?」とためらい、絶対反対と言われたのが山崎心月（当時・公害認定患者の会会長）さんでした。心月さんは、兵隊なんて戦争を連想させるから絶対ダメだって。だから坂下さんが「市民兵」、心月さんが絶対ダメ、その間に澤井さんと私が挟まっていて、最終的に「兵」を付けることになったのは、べ平連（ベトナムに平和を！市民連合）の影響ですかね。その辺で妥協して、「民兵」も悪くはないかも知れないということで、最終的には「市民兵の会」にしたわけです。

榊枝◉名前だけ聞くとすごく過激な団体だと感じますが、『公害トマレ』を実際に見ていくと中身はそんなことはないんです。主張もありますが、調査活動や裁判のことがかみ砕いて書かれています。少しでも地域の中で理解者を増やしていこうという姿勢を凄く感じました。「市民兵」というのは学生や教員や労働者、それに地域のマスコミとか、その時々でいろんな方が参加する組織だったと思うのですが、勝手なイメージかも知れませんが、リーダー的な存在が澤井さんと吉村さんだったのかなと受け止めているのですが、そこは間違いないですか。

公害市民学校での展示

吉村◉たぶん、違うと思います。もうちょっとルーズで、そもそも誰が会員であるかもよくわからない、みんなそれぞれ自分の思いで行動を提案して、じゃやろうかって相談していましたから。リーダー的なものは基本的に存在しなかったと思います。

榊枝◉「市民兵の会」ができて、いろいろ活動をしていくわけですが、『公害トマレ』を発行して配っていく中で、徐々に市民の中に溶け込んでいったということでしょうか。もちろん患者さんとか関係者の方との信頼関係というのも最初はなくて、積み重ねの結果だと思いますが、当初は名前も馴染みにくく受け入れられなかったのでしょうか。

吉村◉最初も最後も、たぶん受け入れられなかったんじゃないかなと思います。だって、野田さんなんかあまり意識したことないでしょう。野田さんには、いつも澤井さんしか見えていなかったと思います、たぶん。ただし、磯津のお母様方は「市民兵の皆さん」というイメージをもっていたと思います。「寺子屋」をやっていましたから。子どもたちがいっぱい来て、磯津の公民館で定期的に遊んだり勉強みたりして、お母さんたちとは割と付き合いがありました。学生または学生からちょっと出たばかりの20代あるいは20代後半の人たちが「市民兵」としていて、子どもたちの面倒みていましたから。会の名前はともかくとして、磯津のお母さんたちには、若いグループが来て子どもたちの面倒みてくれると同時に、いろんな公害の話もちゃんと教えてくれる人たち、そういうイメージで「市民兵の会」が残っていると思います。しかし、訴訟の原告の人とか弁護団の皆さんとかには、「市民兵の会」なんていうのは全然意識されてない組織だったと思います、たぶん。

四日市公害訴訟への関わり

榊枝◉ちょっと視点を変えて、裁判の話にいこうと思います。それまでいろんな裁判に関わってみえたと思うんですが、四日市の公害裁判をみて最初の印象はどうでしたか。このままだったら裁判は勝てるのかどうか、あるいは長期化するとか……。

吉村◉裁判は、僕にとってはあまり中心でなかったのです。だから、勝つか負けるかというイメージは僕にはなかった。ただ、精一杯頑張っていただけです。そのうちイタイイタイ病訴訟の判決がおりて原告全面勝訴、新潟水俣病訴訟も勝訴の方向になっていました。ある程度原告に有利な状況が出ていたことは確かでしたが、四日市がどうなるかは分かりませんでした。結果としては勝訴になりましたが、イタイイタイ病訴訟の場合ほど予測は甘くはなかったですね。いろいろ難しい問題がありましたから。ただ、判決がおりる数ヶ月前には勝訴間違いなしと感じていました。裁判長の訴訟指揮をみているとわかるんですよね、損害額はどれくらいかを問題にしていましたから。判決は、たぶん勝訴で、後はどの程度のレベルで勝訴するかということだけだったと思います。

榊枝◉裁判の中では専門性を生かして弁護士の方と打ち合わせをし、澤井さんとも協力をされていたと思いますがその通りでしょうか。

吉村◉その辺は野呂さんに聞いた方が正確だと思いますが、客観的な事実としてはイタイイタイ病訴訟弁護団、新潟水俣病訴訟弁護団、それから四日市訴訟弁護団、のどれでも私はフリーに参加させていただきました。弁護団の一部には排除したいと思っていた人もいたと思いますが、排除できないだけの存在感があったのだろうと思います。それだけの貢献をしてきたと私は思っております。

榊枝◉ということは弁護士の方と打ち合わせをされたりする時は、あくまでも「市民兵の会」ではなく、吉村さん個人として付き合っていたということなのでしょうか。

吉村◉訴訟というのは、いわば勝負ですから、どういう駆け引きをするかというのは極秘事項です。だから、そういうことに関与させる人間は内輪の人間だけにしないといけないのです。そして四日市訴訟弁護団にとって澤井さんと私は外部の人間です。外部の人間で四日市訴訟弁護団の会議に参加して、かつ議論ができたのは澤井さんと私だけだったと思います。新潟水俣病訴訟弁護団ですと、宇井純さんと私の二人が補佐人でした。補佐人というのは、弁護士に対して技術的な補佐をするということが正式に認められている立場です。

私と宇井さんは実際に反対尋問をやっていたんです、新潟では。主尋

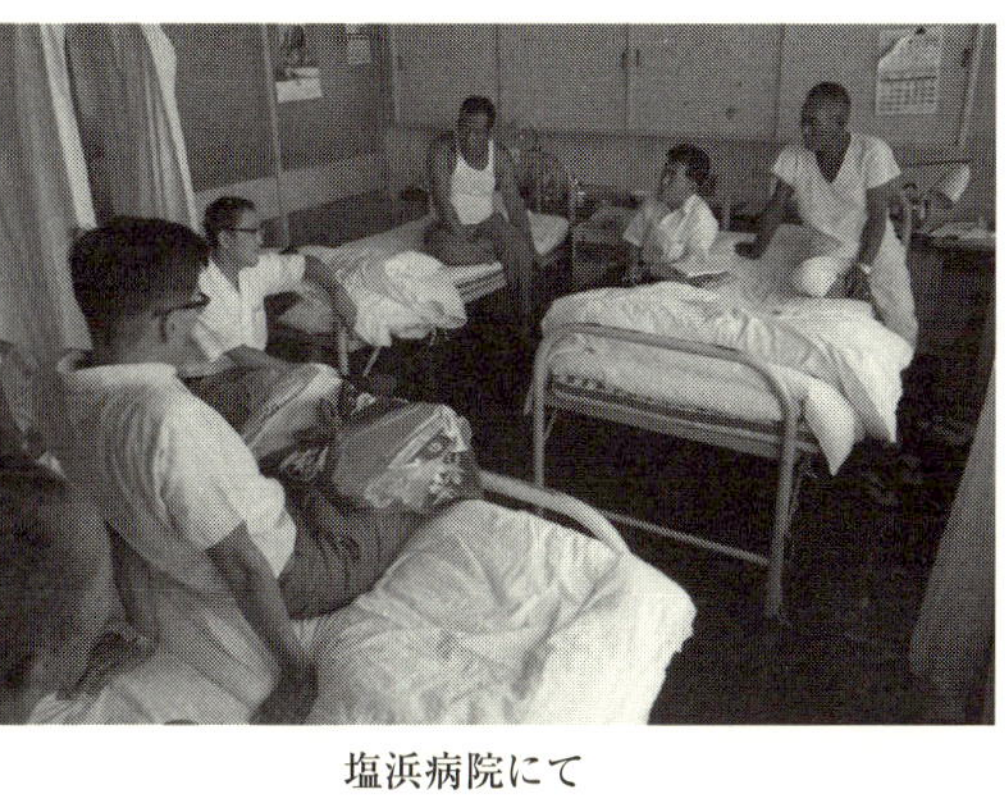

塩浜病院にて

問はもちろん弁護士がやりますから、反対尋問でやっていました。イタイイタイ病訴訟の場合は、もしかすると僕が証人になるかも知れないから補佐人にはしないということで、正式な補佐人にはならなかったのですが、一応それに近いかたちで弁護団内部ではいろんな発言をしたり技術的な助言をしたりしていました。四日市の場合もあとで実際に証人になりましたから、補佐人にはしない方がいいということで、弁護団には参加しましたけれども補佐人にはなりませんでした。

いつでも証人になれるという状況にしておいたわけです。新幹線公害訴訟もそうなんですが、僕はいわば証人のスペアみたいなもので、弁護団として最後の証明不足部分を誰かに頼もうという時に、僕に頼むということになっていたようです。新幹線公害訴訟の時も最後の段階になってこの部分が足りないからちゃんとデータを取得して証言をしてほしいということになりました。四日市公害訴訟もそうなんですよ。最後の最後の段階で、この部分がまだ証明しきれていないから、データを集めて証明をしてくれということで、証人になっています。まあ言ってみれば「保険」みたいなもんです。

榊枝◉実際に四日市の判決が出た時に、いろんな方が判決について語っていますが、吉村さんは判決の中身についてはどのように感じられましたか。

吉村◉「市民兵の会」の共通の認識は「公害発生源撤去」なんですよ。「公害発生源撤去」にこれ（判決）がどういうふうに寄与するだろうか、だけでしたね。少なくともおカネをもらっておしまいではダメだろう。どうしたら「公害発生源撤去」という方針に関して成果が得られるだろうか。そのためにはこの裁判はいったいどういう役回りを果たすのだろうか、ということをいろいろ議論しました。

榊枝◉「公害発生源撤去」の意味について、もう少しかみ砕いて教えてください。

吉村◉要するに、公害がなくなりゃいいんです。それだけです。

榊枝◉それは、工場がなくなればいいと言っているわけじゃなくて、健康被害がなくなるとか、現に問題になっていることが収まればそれでいいということでしょうか。

吉村◉実際に大気汚染や水汚染がなくなればいいのは確かなんですが、それが実現できるためには単に表に出ている部分がなくなるだけではなくて、基本的になくすというものの考え方が企業経営者の中になくてはならないのです。そういう考え方を企業経営者なり技術屋さんなりが、原則的に身につけなければダメなんです。それが「公害発生源撤去」なんですよ。もしそれができないのだったら、その会社にいてもらっては困る。それができるのだったらもちろんいて構わない。物を作り出すのは人間の活動としては最も重要なことですからね。

判決以降の動き

榊枝◉実際に判決が出て、解決に向かう糸口ができたと思うのですが、活動については裁判以後、「市民兵の会」や吉村さんはどういうことをされていたんですか。

吉村◉いろんなことは忘れていますから、事実関係は『公害トマレ』をみていただくのがいいと思います。先ほど言ったように「公害発生源撤去」に向けてどういうことをすればいいのか、被害者全員が自分の力で公害発生源に迫る、つまり与えられたおカネをもらえばいいというのではなくて、「公害発生源撤去」の考え方で被害者全員が自主的に立ち上がる、そういう仕組みを作らなければいけない。それが二次訴訟であったり橋北訴訟であったりしたわけです。しかもそれを我々がけしかけるのではなくて、それをやるのが当たり前なんですよということを皆さんに訴える。それが一つの仕事でした。

富山のイタイイタイ病は既に先例になっていて、地元住民の皆さんは神岡鉱山に向かってバス何台という形で大挙して行って、実際にこの溜め池の水が問題でここをどうきれいにするのか、ということを交渉していたわけです。発生源を撤去するためにはどこに焦点があるのかを、富山の皆さんは企業に押しかけて行ってその場でやりとりをやっています。そういうかたちが四日市でできないのか、我々としては考えました。そのためいろんな活動を試みました。成果はともかくとして試みたことは確かです。その辺の内容、実態がどうであったか、どういうことを試みたかということに関しては『公害トマレ』を見てください。

榊枝◉磯津の二次訴訟は幻で終わりましたし、橋北の裁判も実現はなかったわけですが、二次訴訟についてどのように考えてみえますか。

吉村◉う～ん、二次訴訟自体もね、それほどは重視してなかったのです。やはり、まさに「公害発生源撤去」。「撤去」というのは現実に汚染物質を出さないようにすることと、企業に体質改善を求めることです。それが「立ち入り調査」をやりましょうという話になるんですね。

河原田地区住民の反対行動

榊枝◉「市民兵の会」の活動の中で、河原田に三菱油化の工場が進出する計画が出て、それを地域の方たちが協力して阻止したという運動があったと思うのですが、そのことについて聞きたいと思います。実際に工場はできませんでした。「市民兵の会」が具体的に行ったことを教えてください。

吉村◉そもそもは、河原田地区の内堀の方で昔新聞記者をやっていた人が、三菱が河原田に進出してこようとしているけれどもあれは危ないのじゃないか、工場を作らせない方がいいのじゃないかと考えて、実際にどうすれば工場建設を阻止できるか、ということで地元の数人が相談に来たんです。地元の自治会は作る方針にかなり前向きでしたから、それを止めさせるにはどうしたらいいだろうと考えて、澤井さん経由だったと思いますが、我々のところに意見を聞きに来たんです。

今の三菱の体質からいくと工場が進出すれば公害が出ることはもう間違いない。だから工場は作らせない方がいいだろう。ではどうすれば工場を作らせないですむかということです。それには工場の内情をよく知って、それについて河原田の皆さんで相談して、このまま工場ができたら磯津の二の舞だよということを認識されるのがいいだろう。そのために我々は関係するいろいろな事実を皆さんに示すと同時に、『公害トマレ』にそういう内容を書いて河原田に全戸配布しました。町内会の会合では、何人かの方が中心になって自分らの勉強したこととして発言をされて、河原田の内部では反対派が多数になりました。それで三菱としても諦めざるを得なかったというのがだいたいの経緯です。

榊枝◉よく「唯一、成功した」という表現で、河原田のことを聞いていましたが、詳しく教えていただいてありがとうございました。

少し話を進めていきたいと思います。裁判が終わって活動も徐々に縮小に向かったと思います。以前打ち合わせの際に、「終わりをしっかりしたい」と考えて『公害トマレ』も100号で終えたいと考えてみえたとお聞きしました。実際に活動をそろそろ終えようかなと考えたきっかけはどこにあったのですか。

吉村◉『公害トマレ』は持ち回り編集で、地元定着型の記事で埋めるのが原則だったんです。ところがメンバーが少数になってきて持ち回りする人間が減ってくる。内容もあまり魅力的でなくなってきた。関連したものとしては、たとえば、藤原町の小野田セメント（現太平洋セメント）の問題も入ってくるし、ヘドロ浚せつの問題も入ってくるし、いろいろ問題はあるけれども、全般としては内容があまり魅力的で無くなってきていると感じました。しかもそれを発行する側も減ってきて、このまま行くと、間延びして一ヶ月に1回だったのが二ヶ月に1回になって、そのうちに半年に1回になって、というつぶれ方をする恐れがでてきたんです。そういう状態をだらだらと続けるのは私としては反対でした。それで一区切りしようではないか、100号というのはいいきっかけだからそれで一区切りしようと提案したのです。

もちろんその後、過去に関係していた皆さんたちが同じような組織を作るのは一向に構わないし、同じようなミニコミを出すことも全然問題ないけれども、かたちとしては一区切りをつけたい、ということで多少の議論はありましたけれども、１００号で区切りをつけるということにしました。
榊枝◉イタイイタイ病や四日市公害などいろんなことに関わってこられたわけですが、経験されて学んだり感じたりしたことを教えていただきたいと思います。
吉村◉何をやっていても学ぶことだらけですから、特にこれっていうものはないんです。総ての経験、総ての行動、総ての人とのコミュニケーション、これらには学ぶことが多い。ネガティブかポジティブかは別として。だから、とりわけこれを学んだというのはありません。総ては栄養であり糧であると思っていますから。

四日市を離れてから

榊枝◉その後、四日市を離れてからの吉村さんはどのような活動されていたのか、簡単に教えていただけないでしょうか。
吉村◉いろんなことをやっていますので、なかなか簡単には言えないのですけどね。まずセメントの話。セメント粉じん公害で日本中駆け回りました。それから火力発電所に関連して環境権問題で日本中駆け回りました。その後は、海部（あま）・津島（つしま）を中心にしたゴミ問題。その次が薬害問題。僕が昔から関係していたサリドマイド事件とかクロロマイセチンの問題とかが裁判沙汰になりましたから、これらの裁判に証人として関係しました。薬害問題を防ぐのは、結局、副作用の少ないよい薬を作るしかないわけです。そのためには法律的に監視するシステムが必要であるということで、新しい薬の承認のためにはどんな条件を法律的に整理しなければいけないのか、実際に新薬の承認審査をどういうふうにしなければいけないのか、ということについてシステムを作ることに関与したり、新薬承認審査を行うこともありましたし、薬の開発にも関与していま す。たとえば、皆さんのよく知っているインフルエンザ薬のタミフル。あれは臨床試験で僕が統計アドバイザーになっています。他にもいろいろありましたが細かいことは覚えていません。

榊枝◉最後の質問になりますが、吉村さんが去った後も四日市ではたくさんの公害患者さんがいて、工場の操業に起因していろんな事故が起きています。公健法の改定で認定制度が廃止になるなど、裁判で勝ち得たものが失われていくという事態もあります。また、最近になって公害を語り継ぐことの重要性も課題になってきています。そういった四日市の状況に対してご意見がありましたらお聞かせください。

吉村◉私が言うべきことは特にありません。皆さん方が一生懸命いろいろやっているのに、私みたいに何もしない人間が偉そうな口をきくことなどできないということです。

榊枝◉四日市公害に関わる市民の数というのは当時少ない状況だったと思います。この講座にはたくさんの方がみえますが、地域の方と交流ができているかというと今も課題は多くあります。

四日市公害はどうして起こったのか、それを解決するにはどうしたらいいのか、そういうことについて科学的調査による裏付けとか、難しいことをかみ砕いて地域の方に知らせていく、それが理解者を広げていくには大事なことだと思っています。四日市の中で私たちがこれからも語り継いでいくべきこと、残していくべきことなどをお聞きしたいのですが。

吉村◉う〜ん、私みたいにね、離れてから何十年も経っている人間が、言うことはないですけれども、これだけは感じましたね。福島で事故が起こったでしょ。あの後、中部電力の課長さんが公聴会で「原子力発電で直接死んだものは一人もいない。だから原子力発電は進めてもいい」と、おっしゃったんですよね。課長さん個人がそう思うのはいいとして、問題はそういう人を会社が課長として認めているところに、会社の体質が残っているということです。四日市の場合ですと、ぜん息なんて極めてありふれたものなんで、あれはカネが欲しいために騒いでいるのだ、というのが当時言われていたんです、会社の中で。会社の技術屋さん。僕の同級生はそういう会社にごろごろ入っているんですよ。そういう友人と話してると、ぜん息患者はどこにでもごろごろしている、それを利用して騒いでいるのだ、というのが技術屋さんの常識でした。ぜん息で直接死んだ奴はいないよという感じでね。

しかも、そういう人間が出世するところが会社の体質なんです。そこが問題だと僕は思っています。そんな会社の体質が相変わらず維持されていると感じたのが今度の中電の課長の発言であり、そういう人が課長職にとどまっていられるということです。それが一番、体質が変わってないなと感じたことです。

榊枝◉僕も企業に勤めていますので、わかるようなところもあります。四日市では会社の不祥事が近年多く起きていて、企業体質が変わっていないと感じることはあります。工場との共生という意味で考えると澤井さんがよく言われるように、工場との緊張感を持たなければいけないと思います。語り継ぐというのは、受け身で昔のことを聞いて伝えて行くだけじゃなく、現状に対して何ができるかを考えながら活動していくことが大事だと思っています。

「賽の河原」の石積み

吉村◉社会で起こっているいろんな問題に関しては「賽の河原」の石積みをするしかないと思っています。積み上げては壊され、積み上げては壊され。ある時はそれが右に動き、ある時は左に動き、永続的に積み上げていかない限りは崩れる方が進んでいく。たとえば、今、戦争が問題になっていますね。僕らの感覚からいうと、集団的自衛権ナントカっていうのは、戦争への第一歩なのです。だから、戦争もやむを得ないか、それとも避けられるかというのが問題であって、今回の集団的自衛権の政府解釈は戦争に向かって一歩進んだということです。僕自身が戦争に行った訳じゃないですけど、私の家庭は軍人一家でした。だから、戦争に関してはかなり身近な経験を持っています。軍隊とか軍人というものがどういうセンスで戦争に突っ走り、かつ、結果としてどのように悲惨なことが起こるのかということについて、ある程度の経験を持っているのです。もろの体験ではなくてもね。その経験に基づくと、つくづくこれは、「賽の河原」の石積みであって、積んでは壊され壊されては積むということで頑張るしかない。

今度の集団的自衛権問題でもね、戦争への道を一歩進むのか、そこへ進ませないのか、いわば「せめぎ合い」ですよね。その時に、単に賛成・反対じゃなくて、どうすれば戦争への道を防げるかということを必死になって考えた時に、過去の歴史をみて太平洋戦争あるいは15年戦争というのは、どういうステップでもってスタートしていったか、そういう歴史をみてそこから教訓を得るよりしようがないと僕は思っています。

四日市公害の問題もそうで、たしかに亜硫酸ガスは減った、窒素酸化物もそこそこ減った。いろんな微粒子もそこそこコントロールした。上辺としてはそうだけれども、それが将来にわたって維持できるためには、それがどういう企業体質からでき上がってきたのかということを振り返って、単に水をきれいにした、空をきれいにしただけではダメだ。企業体質として、そういう問題を起こさないような体質を作り上げるしかない。ということを歴史から学んでいくべきだと、僕は思っています。

榊枝◉ありがとうございました。吉村さんのお話に多くを学ばせていただきました。四日市公害を繰り返さないためには愚直に頑張って、毎日起こってくることに対し常に真摯に向き合うしかないと思います。これからも機会があればアドバイスとかご指導をいただければと思います。つたない司会でしたが、いったんここで終えたいと思います。

（休憩）

会場1◉吉村さんと榊枝さんに質問があります。まず吉村さんに。「公害発生源撤去」についてです。薬害問題などで企業の人たちともお話になる機会があったと思いますが、今の企業に「公害発生源撤去」という考え方がきちっと根付いているのか、吉村さんのお考えをお聞きかせください。

榊枝さん。あなたが発行されている「なたね通信」は『公害トマレ』の中身に何かつながりを見出しているのか、あるいは自身の活動の中に『公害トマレ』的なものがあるかどうかお話しください。

吉村◉昔と今とで非常に大きく状況が違っているのは、法律的な制約です。昔に比べればはるかに強くなっていて、排気ガスにしろ、廃棄物にしろ、汚染物質を減らすように規制されています。これは中国や東南アジアに比べると非常にはっきりしているわけで、ＰＭ２・５も中国では野放しなっていますけど、日本ではそういったものの発生源が遙かに少なくなっています。規制が強いからです。

薬についても昔に比べれば審査が非常に厳しくなっています。30年前と現在では、安全性にしろ、有効性にしろ、薬のレベルが違っています。それは法律上の規制ができ上がったからですが、でき上がるまでの間にいろんな薬害問題であるとか、公害問題が起こってその教訓として法律規制ができ上がって質がよくなったということだと思います。

しかし、他方で網の目逃れみたいなものは常に起こるので、それはまさに「賽の河原」の石積みなんです。たとえば、今、ノバルティスという製薬会社が網の目を逃れて、かなり悪質なデータのでっち上げをやっています。これは間違いなく悪質な会社の方針です。そういう会社があることも確かで、しかもそれでもって巨大な利益を上げています。一年間の売り上げが１０００億円ですから。分かっているところは潰せるけれどもしては「賽の河原」の石積み、もぐら叩きをするしかないんです。そうするとそういうものに関してまたどこかで変なことが起こる。これから危なくなるものにはたぶん「健康食品」があるでしょう。これは「トクホ（特保＝特定保健用食品）制度」がうまくいかなかったことの裏返しです。だからこの制度を変えなくてはいけないのですが、いまは野放しにして誰かがチェックするということになりつつあります。これに関しては一番いいシステムというのは僕にもわかりません。トクホの承認審査をやっていましたから、そこでのごまかしとかカラクリを多少は知っているのですが、難しい問題です。野放し状態になったらいろいろ事件が起こるでしょう。化粧品の白斑問題と同じでね。非常に大きな事件が起きてメーカーが補償金払って、それで新たな規制方式ができて、しばらく経つとまた何かが起きてもぐらの頭が出てくる。これからもイタチごっこの闘いは続くだろうと思いますから、頑張って続けるしかないと、僕は思っています。

榊枝◉「なたね通信」というのは四日市公害の歴史を語り継ぐ、あるいは多くの方に知って欲しいという思いで大学院生の時に、4人のメンバーで発刊した情報誌です。6年くらい前になりますが『公害トマレ』は事前に読んでいて、資金面での課題はありましたがこれと似たことをしたいなと思いました。中身については、専門的ではないのですが影響は受けました。何かを伝えて行く上で情報発信はとても重要なことだし、行政と企業の中のやりとりだけではわからないことをかみ砕いて市民に伝えて行く媒体は必要です。四日市公害に限らず原発問題もそうだと思いますし、ミニコミや雑誌はそれぞれの役割を果たしていて地域の人たちの学びには役に立っていると思いますので、発行は続けていくべきだと思っています。

会場2◉吉村さんはなぜ「公害」に関わろうと考えたのか教えていただきたいと思います。また、公害の問題は研究者が関わらないと分からない部分があると思います。データをどのように読み解くかという点でも研究者の位置はすごく大切だと思いますので、今の若手の研究者に対して一言お願いします。

吉村◉第一の質問ですが、皆さんのお持ちの資料の中の「第4章　技術の負の……」(注)に書かれていますので後でご覧になってください。ストレートに回答になっていると思います。第二の質問ですが、名古屋大学で私の講義を聴いている学生はそんなに多くないのですが、東京理科大では私の研究室の学生は1学年に十数人おりましたし、大学院には常に数人いました。そういった人たちに対しては、例えば薬の問題に関していうと、有効性と安全性のバランスということをかなり丁寧に伝えて、いかに効き目は強くても安全性に問題があるようだったら、これは使い方をうまくやらないといけない。しかも、きちっとチェックしなくてはいけない。それでやっぱり危ないと気がついたら、それはストップしなくちゃいけない、というようなことを教育を通して身につけてもらったと思っています。

一般にはどうかというと、これはわかりません。私の研究室を出た人はそういうことに関しては、企業の中に入って注意していてくれると、私は思っています。一般的にそういうセンスがあるかないかというのは、先生によって随分違うので、何とも言えません。

会場3◉吉村さんは市民運動をどういうふうに位置づけておられるのか、四日市の場合これからどういう点に気を付けたらいいのか、アドバイスをいただけたらと思います。

吉村◉私にはそういうことについてアドバイスをする能力がありません。その場にいる人に頑張って頂くしかないと思っています。ただ、必要なことは、「戦う」という姿勢で、これは非常に重要だと思います。つまり、何か問題が起こった時に誰かにお願いするのではなくて、自分らで努力をして問題を解決する、これが戦う姿勢だと思っています。戦う姿勢がないと、圧倒されて潰されるだけであると。ただし、その時は、今問題になっている「ヘリコプター・ペアレンツ」みたいに、暴れさえすればいいんだというのではダメで、戦う姿勢というのは常に相手と直接対決して最上の解決を求めるということだと思っています。問題の解決は自分らの力でやらなくちゃいけないという思想を持つことです。ただし、力で相手を圧倒すればいいということではなくて、相手も納得する結論を出すことだと思います。それをもう、至る所でやるしかない。それが「賽の河原」の石積みです。

私の経験した例でいうと、多治見市のごみ最終処分場問題というのがあります。今から10年くらい前、前の市長が決めた場所に対して住民が猛反対をして絶対作らせないという話になった。それで新しく着任した市長が困ったわけです。ゴミはどこかで処分しなければいけないので、どうするかというわけで委員会を作りました。その委員会のリードを僕が任され、最終的には一区切りを付けて収めました。その時に、住民の皆さんは自分の力で戦う姿勢を持っていました。その戦う姿勢の中には、逆に自分らがゴミを最終的に処分するにはどうしたらいいかということを、一生懸命に主張した。どうしてもダメな部分というものが出てきて、ただ反対しているだけじゃダメだ、そこをどう解決するかということで相談して、一応収まって今は平和的にうまくいっていると、私は思っています。

このような時、実際に被害を受けた人たちが立ちあがって戦いを挑み、かつ最終的にケリを付けられるような行政システムを用意しなくてはいけないし、対立する相手もその姿勢で事に当たらなければいけない。そういうものを作り上げることが必要だと思っています。そのように自分なりに努力をしてきたつもりですが、実際それがうまくいっているかどうかはわかりません。

会場4◉冒頭で「吉村先生はやめましょう」と言われましたが、どうして「先生」と呼んではいけないのですか。また、吉村さんは研究と実践をすごくされていて、『公害トマレ』に関わってみえた頃は相当な時間と労力を費やされていたと思いますが、24時間365日の中でどうバランスをとっていらっしゃったのでしょうか。

吉村◉基本的に対等な活動をする人間の間に差別的な表現は入れたくないのです。「先生」という言葉はある意味で差別語です。「先生でない人」と「先生である人」との区別は差別なんです。作家を「ナントカ先生」と呼ばなきゃいけない、美容師さんを「ナントカ先生」と呼ばなきゃいけない。それは髪の毛をカットしている美容師さんと、そこで掃除をしている人とを差別していることなのです。明らかに前者が上で後者が下。そういう関係の中で一緒に行動するのでは決して最適なチームができない。チームとして最適なのは、基本的に「対等」な状況があることです。その一番の典型は医療です。お医者さんがエライ顔をして、看護師さんたちやコメディカルと言われる人たちを「下」だと言っていると最適な医療はできない。みんなが対等な立場でお互いに相手の意見を尊重し、しかし、その中で本当に正しいことを言っている人をみんなが認め、対等の議論の中で最終的に結論を出すと、一番いい結論が得られると僕は思っています。勿論ミスはあるでしょうが。だから、対等な関係でチームを作ることが、エライ人がいてエラクない人がいるという関係でチームを作るよりははるかに良い。これが僕の子供の頃からの「流儀」です。それを実現する一つの方法が上下関係を意識しないですむ関係を作ること、それが「先生と呼ぶな」ということです。

研究と実践に関して、総ての人が「マンパワー」や「リソース」をどう使い分けるか、それなりに苦労しています。自分の生きているところで、どこにどれだけ重みを付けて活動するかです。大学などで問題になるのは業績主義で、研究業績がないと出世できず、訳の分からない、あまり役に立たない論文をたくさん出した人が教授になるという仕組みがあります、現実には。それを完全に無視することはできませんが、なるべく抑えたい。僕はそれなりに論文を書いていますが、僕の研究論文の特徴はほとんどが現実に根ざしていることです。自分がやっていることをどうやって世の中に知らせようかということで論文を書いています。質が悪いと言われようが何と言われようが皆さんに伝えなきゃいけないことを書く、ということです。それが評価されるか、されないかは分野によって違うと思いますが、数十年そういうことで頑張り続けて来ました。私の研究室に来る皆さんはそれを認めていますから、それなりに妥協しつつ、私の流儀を取り入れてくれていると思っています。微妙なバランスで何とかやっているというところです。

会場5◉住民運動において被害者が戦わなくちゃいけないということですが、科学が巨大になった現在では、直接被害を受けた人たちだけの戦いではやっていけないのではないか。「義によって助太刀いたす」的な関わりが必要だと思いますがいかがでしょうか。

吉村◉僕のセンスはどちらかというと「木枯らし紋次郎」的なんです。実際に助太刀する相手であるかどうか見極めてから助力をする。何でもかんでも頼まれりゃ手を出すのは変だという気がしています。それと、一般的にいうと、能力のある人が助ける時だけが助太刀になるのであって、能力のない人が行ったら逆に助太刀にならないわけです。だから、それなりに能力のある人は、問題が顕在化した時に、その能力を発揮するというカルチュア、文化があった方がいいだろうと思っています。幸いなことに日本では問題が起こると、ある一定の割合の人がボランティア的に頑張るという風土は残っています。その風土をどれだけ広げられるのかが勝負だろうと思っています。自分なりの努力をする人を増やすことが社会の文化や基盤とかを作り上げることになる。それなりの努力をいろんな人が、それなりの立場でやるべきじゃないかと思っています。

会場6◉吉村さんは大学卒業後、大学で40年以上お仕事をされてきて、薬害とか公害とか具体的な問題に取り組まれたと思いますが、社会をどうしたいとかいう強い思いとか信念をもってされていたのでしょうか。

吉村◉社会をどうしたい、という発想法は私にはありません。私の発想法は現在ある状態の中で、何か問題が起こってそれを解決しなければいけない、あるいは何か変えなければいけないという時に、自分がそれに対して力を貸すことができるかということを考えます。過去のことはあまりこだわりませんし、大局的に天下国家を論ずることは、たぶんやってこなかったと思います。常に目の前にあることに対して、何か自分ができるかなという、それが僕の発想法です。だから、社会をどうしたいとかということに関しては、そもそもそういうセンスがないので何も言えません。申し訳ないことですけど。

会場7◉最初の話の中で証人として「スペア」のような存在だったと言われましたが、四日市公害裁判で吉村さんが任された「スペア」は何についてだったのか具体的にお聞きしたい。もう一点、現在、一番関心を持って取り組まれていることがあれば教えてください。

吉村◉四日市公害訴訟弁護団というのはそれなりにスペクトルがあります。いろんな人たちの集まりで、野呂さんがその中心でした。私を「スペア」として使うのがいいと思ったのは野呂さんだと思います。新幹線公害訴訟の際に名古屋の特殊性を証明する必要があった。それをどうしたらいいか議論になった時に野呂さんが「吉村さんに頼もう」ということにしたらしいのです。学生20～30人に手伝ってもらって一ヶ月費やして裁判に出したのですが、その時、被告の弁護士が捨て台詞で言ったのは「こんなことは最初からわかっている」ということでした。その時、僕の仕事は「スペア」だなと思いましたね。

同じことが四日市訴訟でもありました。昭石（昭和四日市石油）の煙は磯津を通り越します、三菱モンサントの煙は全部三菱の敷地内に収まります、磯津に煙は行きません、というのが被告側の主張でした。それに対して我々は、煙が磯津に集中してくるということを検知紙調査で示していましたが、それだけでは裁判の証拠としては不十分だから、もうちょっと説得性のある資料を用意してくれということで、「吉村さん、頼む」ということになったようです。当時はまだコンピュータがそれほど使えない時代でしたから、ほとんどを手作業でやり、何ヶ月か頑張って、最終的には被告六社の煙が磯津に到達することを証明しました。訴訟に勝つためのデータの不足分は私に頼むと出してくれると期待されていたみたいです。まあ期待には沿えたと思っていますが。

現在は何をしているかと言いますと、高血圧病治療薬のデータ改ざん問題に関して、千葉大学が著者に論文撤回を求めることにしました。その委員会の委員の一人なんです、私は。これは職務上知り得た秘密ですから個人としては内容をお話しすることはできませんが、これが一番新しい問題です。

会場8◉吉村さんはデータに信頼がありそれを正確に読み取って立証することを重視されています。私は西淀川で公害教育や資料の保存にも関わっていますが、いつも思うのはデータを読む力の弱さです。研究者だけでなく、市民がデータを読む力を付けるために必要なのは何か、教えてください。

吉村◉個人的には、社会人教育で講演などをしています。それから、3年くらい前から小学校・中学校・高校の数学の教育カリキュラムが変わりました。今までの3本柱に、第4の柱として「統計」が加わりました。中学校では「資料の活用」というタイトル、高校では「データの分析」というタイトルですが、中身は「統計」です。アメリカ・ヨーロッパでは10年くらい前から実行されていて、日本にもやっと3年くらい前から導入されたのです。そういう意味で社会的には認識されつつあります。

さっきあげた製薬会社のデータ改ざん問題というのも、それに対して厚生労働省が中心になってデータ解析はきちっとやらせるべきだという風潮が出て来ています。あちこちの大学でもそういう分野の講座が増えております。しかしそのための人材供給ができないことが問題になっています。という状況ですから、以前よりは少し状況がよくなっていると思います。

榊枝◉それではそろそろ時間がなくなってきましたので、質疑応答はこれで終了させていただきます。どうもありがとうございました。

(注)『吉村さんという統計家』の中で次のように述べている。—概略— 学生時代に「技術の負の側面」をストップするにはどうすればいいかを考える研究会があり、その中で「公害問題」と出会う。イタイイタイ病の富山は自分の故郷であり、勤務した大学の近くには四日市があった。まずは「足下から」という意識が出発点になっている。

▼感想……榊枝正史

吉村功さんと聞くと四日市の反公害運動の中心人物であり、リーダーの一人だとだれもが認める存在だ。話を聞くまでは、四日市に強い思い入れがあって活動していたのに、どうしてある時期で四日市から一線を画すことになってしまったのか、少し疑問というかさみしさのようなものを感じていたが、話を聞き疑問は解決した。また、専門家と地域の役割の違いを強く認識することもできた。

吉村さんは、四日市公害と関わる以前からイタイイタイ病裁判、サリドマイド問題など多くの問題に関わってみえて、近年では薬害問題に取り組まれている。対峙する問題へ「今自分に何ができるか考え、行動する」ことを常に大切にされている。活動の中に統計学の専門家としての強みを生かし、科学的な根拠を正確に示していく姿は職人のようにも見える。

吉村さんは、「終わりを大切にする」ことを重視されていて、ご自身が納得できない状況になれば、その場からは離れる。中途半端なことはしない。専門家と地域との関わりは、このような形が望ましいのだろう。なぜなら○○先生に聞けば分かる、相談しようという体制が続けば、運動の側の人間は成長しないし甘えてしまう。本当に困ったときに、助っ人を頼むという人間関係を残してそれぞれの道で全うすれば良い。

専門家はどんどん他の問題と関わり多くの知見を学び、地域は日々起こりうるさまざまな問題に一つひとつ向き合う。そして助っ人が必要な時にお互いの力を結集すれば良いのではないか。偉大な存在にいつまでも甘えることなく、自立することの大切さを改めて感じ、専門家と運動の側の関係を整理することができた。

■四日市公害関連略年譜

年	月	事項
1955(昭和30)年	8月	国が旧海軍燃料廠跡地を昭和石油に払い下げることを決定。
1958(昭和33)年	4月	昭和四日市石油四日市製油所が操業開始(日産4万バーレル)。
1959(昭和34)年	4月	第1コンビナートが本格操業開始(三菱油化等)。
1960(昭和35)年	3月	四日市海域で異臭魚問題発生。
	10月	四日市市公害防止対策委員会発足。
1961(昭和36)年		夏頃から磯津(いそづ)地区に「ぜん息患者」が集団的に発生。四日市市が「磯津地区の亜硫酸ガス濃度が他地区の6倍」と報告。
1963(昭和38)年	6月	異臭魚問題で、磯津漁民が中部電力三重火力発電所の排水口を土嚢でふさごうとして実力行使(磯津漁民一揆)。県知事、磯津でくさい魚を試食。
	7月	四日市公害対策協議会(公対協)発足。社会党・共産党・革新議員団・地区労・三化協で構成。
	11月	午起(うまおこし)の第2コンビナートが本格操業を開始(大協石油等)。
		25~29日　厚生・通産両省の「四日市地区大気汚染特別調査会」(黒川調査団)が四日市を訪れ現地調査。
1964(昭和39)年	4月	元石原産業の従業員であった塩浜在住の古川喜郎さん(62)が肺気腫で死亡。公害犠牲者として認識された最初の死者。
	6月	四日市市内の小学校・幼稚園に空気清浄機設置(189台)。
1965(昭和40)年	1月	異臭魚問題で中部電力が磯津漁協に3600万円の補償金を支払う。
	5月20日	四日市市単独の「公害病認定患者認定制度」発足。医療審査会の審査で18人(このうち磯津居住者が12人)を公害病として認定。医療費を無料とする
	6月	県立三重大学塩浜病院に空気清浄室24床を設置。
1966(昭和41)年	7月	公害認定患者の木平卯三郎さん(75)自殺。大協石油近くに在住。
	8月	東海労働弁護団が公対協などと公害訴訟について第1回準備会。

1967（昭和42）年
11月　四日市市が「都市改造計画」（マスタープラン）を答申。
2月18日　第1コンビナートに接する平和町67戸の集団移転始まる（68年まで）。
6月13日　四日市市議会「第3コンビナート誘致・霞ヶ浦埋め立て」を議決。
9月1日　公害認定患者の大谷一彦さん（60）自殺。
磯津地区の公害認定患者9名が、第1コンビナート6社を相手取って津地裁に訴訟を提起。「四日市ぜん息公害訴訟」と呼ばれるようになった。
10月20日　塩浜中学校3年生1人が公害病のため死亡。
11月30日　「四日市公害訴訟を支持する会」発足。
12月1日　四日市公害訴訟第1回口頭弁論。
25日　被告企業三菱油化総務部長が四日市市助役に就任。

1968（昭和43）年
7月24日　米本清裁判長を初めとした裁判所関係者が磯津などを現地調査。
10月　四日市公害認定患者の会発足。会長は山崎心月さん。

1969（昭和44）年
3月14日　訴訟原告の一人である今村善助さん（78）が塩浜病院で死去。
10月　第1期公害市民学校始まる（公害を記録する会主催。磯津公民館で10回開催）。
12月　国の「公害に係る健康被害の救済に関する特別措置法」が公布され、四日市は指定地域となる。
四日市海上保安部（海保）が石原産業を「港則法」違反の容疑で検挙。警備救難課長田尻宗昭さんが摘発を主導。

1970（昭和45）年
1月　国の制度に基づき四日市の公害患者464人が認定される。
3月　「公害から子どもを守る塩浜母の会」発足。
8月22、23日　「公害と闘う全国行動」で市中デモ行進。
11月　海蔵小学校1年生が1人、公害病のため死去。

1971（昭和46）年
2月19日　津地検、石原産業を起訴。
23日　反公害ミニコミ誌『公害トマレ』テスト版発行。発行者は「四日市公害と戦う市民兵の会」（市民兵の会）で3月に第1号を発行し、79年7月の100号まで発行を続けた。

5月　三重県労働組合協議会（県労協）が主体の「四日市公害訴訟三重県共闘会議」発足。
24日　第2期公害市民学校始まる（市民兵の会主催。労働会館で8回開催）。
6月30日　富山地裁、イタイイタイ病訴訟で原告勝訴の判決。
7月6日　四日市海保・田尻宗昭さん、和歌山県の田辺海保へ異動。
10日　四日市訴訟の最年少原告、瀬尾宮子さん（37歳）が塩浜病院で死去。
8月27日　磯津で第二次訴訟原告団結成。
9月29日　新潟地裁、新潟水俣病訴訟で原告勝訴の判決。
10月16日　市民兵の会「反公害磯津寺子屋」を開校。
12月24日　四日市市議会「第3コンビナート増設のための霞ヶ浦第二次埋め立て」を議決。ただし「石油関連企業は立地せしめない」との付帯条件がつけられた。

1972（昭和47）年

2月1日　四日市ぜん息公害訴訟結審（口頭弁論54回に及ぶ）。第3コンビナート本格操業開始。
3月18日　塩浜小学校校歌、歌詞に問題ありとして斉唱取りやめ。
4月　三重県公害防止条例改正（硫黄酸化物の総量規制を加える）。
7月24日　津地裁四日市支部、四日市公害ぜん息訴訟で原告患者側勝訴の判決。原告・弁護団・支援団体は被告企業に対し「控訴するな」と行動。その結果、誓約書が交わされ企業は控訴断念・立ち入り調査権を認める。三菱油化は河原田進出を断念。
8月4日　昭和四日市石油へ第1回立ち入り調査。
9月1日　磯津地区で被告企業との直接交渉始まる。認定患者と遺族（121人）は二次訴訟を行わず補償金を直接請求することとなったため。
10月　橋北地区患者の会が第2コンビナート3社に対し青空要求を掲げ交渉を求める。
11月30日　磯津直接交渉について第1コンビナート6社が合意をして調印。140人に対し総額5億6900万円。農協会館で調印式。

1973（昭和48）年

3月20日　熊本地裁、熊本水俣病一次訴訟で原告勝訴の判決。

31日　四日市公害訴訟を支持する会が「発展的に解消」。

1978(昭和53)年　5月　財団準備会より「四日市公害対策協力財団」構想が提起され、四日市公害認定患者の会が交渉を始めるが6月に入って準備委は雲隠れ。患者の会は抗議のために「ろう城」などしたが、紆余曲折を経て9月に知事の認可を得て財団は設立。

7月24日　第2回立ち入り調査。昭和四日市石油と中部電力四日市火力へ。

10月　国が「公害健康被害補償法（公健法）」公布。翌74年9月施行。

四日市公害対策協力財団が解散。

1979(昭和54)年　4月　四日市市が公害患者のための「みたき保養所」を竣工。

7月27日　『公害トマレ』100号にて閉刊。

30日　三重県公害防止条例改正。二酸化窒素の環境基準を緩和。日平均値を0・02ppmから0・04ppmへ。

1980(昭和55)年　2月23日　四日市港管理組合が市に対し「霞埋立地に中電LNGタンク設置」の認可を要望。72年12月の議決「付帯条件」を無視してのもの。

1982(昭和57)年　3月17日　津地裁、石原産業に対し有罪判決。会社には罰金8万円。

7月24日　四日市公害判決十周年を考える市民集会。

8月25日　立ち入り調査に対し三菱油化が拒否。裁判所の仮処分により実行。

1987(昭和62)年　2月　国の公健法改定の動きに対し、三重県知事・四日市市長・楠町長が同意する旨の意見書を提出。

9月　国が公害被害健康補償法（公健法）改正を公布。第一種公害指定地域が削除され、四日市地区が指定解除。施行は88年2月から。

1988(昭和63)年　2月　四日市市は公健法改正に基づき、市内における患者の新規認定を取りやめるとともに、4月から公害対策課を環境保全課と改称。

1994(平成6)年　9月30日　三重県立大学塩浜病院閉鎖。泊山（とまりやま）に三重県医療センターとして移転。

1996(平成8)年　6月1日　四日市市立博物館で「四日市公害の歴史展」開催。

8月1日　四日市市環境学習センター設立（本町プラザ4階）。

1997(平成9)年	7月24日 「四日市公害訴訟判決25年を考えるつどい」開催(市民兵の会など主催)。同時に四日市再生「公害市民塾」発足。
2001(平成13)年	5月 四日市市がホームページに「かんきょう四日市」を開設。 7月24日 四日市再生「公害市民塾」と「公害を記録する会」が連名で、四日市市井上哲夫市長に対し、公害資料館設置の要望書提出。
2002(平成14)年	7月20日 「四日市公害判決30周年を語り合うつどい」(主催:中部の環境を考える会)開催。 10月2日 井上市長、記者会見で「公害資料館」設立について否定的な見解。
2003(平成15)年	5月 四日市市が四日市公害に関するビデオ(全5巻のうち第1巻)を制作。後にDVD化も。(2005年3月全巻完成)
	7月26日 四日市公害判決31周年・磯津現地集会。磯津公会所で市民塾主催。四日市市、弁護団、原告に加えて三重大学からも参加。
2004(平成16)年	7月31日 「四日市環境再生まちづくりシンポジュウム」(日本環境会議など主催)開催。宮本憲一さんが基調講演。 10月 『四日市公害と人権~わすれないように~』刊行。人権問題研究所発行。
2005(平成17)年	1月28日 四日市公害資料室開設(環境学習センター内)。 2月 四日市市が楠町を合併。人口が30万人を越えた。
2006(平成18)年	2月 石原産業によるフェロシルト不法投棄問題、刑事事件に進展。
2007(平成19)年	6月 日本図書センターが『四日市公害市民運動記録集』全4巻を刊行。市民兵の会の機関誌「公害トマレ」を復刻。 7月21日 「四日市公害訴訟判決35周年を記念する集い」(まちづくり検討委)。 24日 井上市長「ホタルとコンビナートの競演」を宣伝。
2008(平成20)年	5月 石原産業の農薬「ホスゲン」無届け製造が発覚。 7月26日 「四日市公害・環境市民学校」(主催:NPO環境市民大学よっかいち)開催。全10回で2009年3月まで。

	11月30日　四日市市長選挙で田中俊行氏当選。公約は「四日市公害の歴史を学び環境教育の推進」。
2009（平成21）年	1月11日　東海テレビ、ドキュメンタリー『あやまち』を再放送。
	4月8日　「四日市公害語り部連続講座」（講師：澤井余志郎、主催：まちづくり市民会議）始まる。6月まで全6回。
	7～10月　四日市市の要請により澤井余志郎氏の写真をデジタル化して保存。
	10月17日　「四日市公害環境市民学校2009」始まる。
2010（平成22）年	6月26日　「四日市公害学習実践交流会」開催。主催：四日市再生「公害市民塾」。
	7月24日　「四日市公害裁判判決38周年・環境再生まちづくり市民集会」開催。被告企業4社からの参加あり。
	10月6日　田中市長、記者会見で公害資料館設立を明言。
2011（平成23）年	3月11日　東日本大震災（東京電力福島原発崩壊）。
	7月27日　四日市公害判決39周年市民の集い。公害市民塾主催。
2012（平成24）年	7月28日　四日市公害判決40周年シンポジュウム。主催：四日市市　協力：公害市民塾。
2013（平成25）年	7月27日　四日市公害判決41周年・市民の集い　共催：四日市市、公害市民塾
2014（平成26）年	1月19日　「四日市公害を忘れないために」市民塾・土曜講座（主催：公害市民塾）を開催。7月19日まで全10回。対話形式の連続講座。
	3月　博物館リニューアル工事始まる。「四日市公害と環境未来館」併設のため。
	7月27日　「四日市公害を忘れないために」市民の集い2014　共催：四日市市、公害市民塾。
	9月20日　「第32回　四日市公害犠牲者合同慰霊祭」が四日市公害患者と家族の会・磯津公害認定患者の会と四日市市との共催になる。
2015（平成27）年	3月　「四日市公害と環境未来館」を四日市市立博物館内に開設（予定）。

■関連事項解説（敬称略）

四大公害訴訟

1970年前後に相次いで争われた公害訴訟（提訴順）。

新潟水俣病　　1967年6月提訴　1971年9月判決（新潟地裁）
四日市ぜん息　1967年9月提訴　1972年7月判決（津地裁）
富山イタイイタイ病　1968年3月提訴　1971年6月判決（富山地裁）
熊本水俣病　　1969年6月提訴　1973年3月判決（熊本地裁）

いずれも損害賠償を求めた民事訴訟であるが、全て原告（患者）側の勝訴となった。

被告企業は、新潟が昭和電工、富山が三井金属鉱業、熊本が新日本窒素（チッソ）だが四日市のみは6社（後述）である。また公害の原因は3社が工場から排出された重金属であったのに対し、四日市のみは工場排煙からの大気汚染であった。

四日市公害訴訟（「四日市訴訟」）

1960年代、四日市市塩浜地区を中心に「ぜん息」患者が多数発生。数年前に操業を開始した石油化学コンビナートの排煙が原因であるとして、1967年9月1日被害者9名が原告となって、関連企業6社を相手取って提訴。口頭弁論は同年12月1日に始まり、5年後の1972年7月24日、原告側完全勝訴の判決が出された。54回の口頭弁論の結果、米本清裁判長は6社の共同不法行為を認定し総額約8900万円の損害賠償を命じ、被告も控訴を断念した。

なお被告6社とは「昭和四日市石油・三菱油化・三菱化成・三菱モンサント化成・石原産業・中部電力」であるが、現在、三菱3社は合併して「三菱化学」となり、汚染原因であった中部電力三重火力は廃止されている。

四日市公害訴訟を支持する会（「支持する会」）

四日市公害訴訟の原告団を支援するために、第1回口頭弁論の前日（1967年11月30日）結成された。中心は公務員の組合である自治労（四日市市職員組合）と日教組傘下の三重県教職員組合であり、基本的には個人加盟であったが、実際はこれらの組織が動員や署名・カンパ活動に力を発揮した。会員数は最大で3000名と記録されている。1個100円の「青空バッチ」を製作販売して応援資金に充てたが、労働組合からのカンパが大きな支えとなっていた。1972年の判決の1年後に、役割を終えたとして「発展的に解消」された。

四日市公害と戦う市民兵の会（「市民兵の会」）

1969年夏、当時名古屋大学助教授だった吉村功が、学生たちとともに四日市を訪れ、澤井余志郎と出会った。澤井は「公害を記録する会」を主宰し「支持する会」の事務的作業を担っていたが、ともに情報誌の必要性を感じ、1972年2月に月刊誌『公害トマレ』を創刊。同時に反公害運動体としての「四日市公害と戦う市民兵の会」を立ち上げ、同誌を発行しながら運動を続けた。メンバーは学生・公務員・教員・会社員など多彩で平均年齢は20代半ばという若さだったが、1979年7月に同誌の100号終刊を以て会としての運動はほぼ終息した。

四日市再生「公害市民塾」（「市民塾」）

１９９７年８月、四日市公害訴訟判決25周年を期して、澤井余志郎などの呼びかけで発足。以後、毎月１回の例会を開き四日市公害に関するさまざまな事象に対処している。澤井は「語り部」として四日市市内外の小学生を対象に四日市公害を語り継ぎ、原告の一人である野田之一や「市民兵の会」当時からの仲間である山本勝治や伊藤三男とともに活動を続け、四日市市が開設する「四日市公害と環境未来館」のため、資料の整理や保存に尽力している。ホームページは毎週更新され、全国からのアクセスも多い。

アドレスは　http://yokkaichi-kougai.www2.jp

磯津二次訴訟

四日市公害訴訟の原告は磯津在住の９名であったが、それ以外にも磯津地区には１００名を超える公害認定患者が存在した。訴訟進行中に子供の患者をもつ母親たちを中心にして、追加訴訟を起こす動きが出てきた。弁護団や支援者たちの地道な取り組みの結果１２０名の患者（未成年者は親が代理）が委任状を提出。１９７１年８月磯津公民館で「二次訴訟原告団」が結成された。しかし、翌年７月24日に公害訴訟判決が出されたことによって、被告６社との直接交渉へと方針が転換された。同年９月１日、磯津公民館での第１回に始まり11月３日まで５回にわたる交渉の結果、11月30日に調印式がもたれた。合意内容は企業側が１４０名の患者に対し総額５億６９００万円を支払うというものであった。

橋北地区「あおぞら」訴訟運動

四日市公害訴訟は、四日市南部塩浜地区の第１コンビナートを被告としていたが、四日市市北部の橋北地区には第２コンビナートがあり、隣接地域には多数の公害認定患者が存在した。第２コンビナートの主力は大協石油（現コスモ石油）・協和油化・中部電力四日市火力発電所だったので、橋北地区在住の患者たちは「橋北地区患者の会」を結成して３社との交渉を開始した。しかし、３社は応じなかった。「市民兵の会」の積極的な応援はあったが、同じ頃「公害対策協力財団」構想が提示されたこともあって、橋北の運動は訴訟提起にまでは至らなかった。しかし、75年頃までは企業への抗議活動が続いた。

三菱油化河原田工場計画

「四日市訴訟」被告６社の一つである三菱油化は、１９７１年３月、川尻分工場近くの河原田地区にエチレン生産工場の新設計画を発表した。当時は訴訟の進行中だったこともあって、公害の拡大を懸念した河原田地区の住民が反対運動を展開した。自治会長の独走があったりしたが、住民から相談を受けた「市民兵の会」の応援もあって、土地売却を拒否する地主が多数を占めるに至った。「四日市公害認定患者の会」や訴訟支援団体、近接の楠町や鈴鹿市にも反対の声は広がり、判決直後の１９７２年８月、三菱油化は「河原田進出の撤回」を表明した。

四日市港ヘドロ浚せつ問題

四日市市千歳町にある四日市港海底には周辺工場の排出物を主にした大量の汚泥（ヘドロ）が堆積されている。１９７４年３月、四日市港管理組合はヘドロ浚せつの計画を発表したが、「市民兵の会」はこの計画に対し疑問を抱き中止を訴え、管理組合と何度か交渉を重ね、北九州への見学や市内でのヘドロ展示・学習会を実施した。その結果、管理組合は工法を当初のグラブ式から真空吸泥式に変換し、約2年をかけて浚せつを実施した。ヘドロは霞ヶ浦の埋め立て地（14万坪）に投棄することによって処分された。ヘドロ総量は約250万立方メートルに及んだ。

四日市公害対策協力財団（「財団」）

判決後の1973年3月、四日市商工会議所は、「四日市公害対策協力財団設立準備委員会」を立ち上げ、患者救済のためとして「財団」構想を発表した。その内容に対して「患者の会」は強く反発し、交渉を申し入れたが「財団」側が拒否。患者が「ろう城」するなどの事態に発展したが、最終的には9月に田川亮三県知事が「財団」設立申請を認可した。財源は関連企業（28社）が負担し給付は「一時金（死亡弔慰金）」と「年金」となっていた。1974年9月、国の制度「公害健康被害補償法（公健法）」が施行されて年金等の給付は国に移管されたが、「財団」はその後も一部事業を継続し、1978年5月になって解散した。

公害健康被害補償法（「公健法」）

1974年9月1日、国が全国の公害患者救済を目的として施行した法律。公害地域は2種類に分けられているが四日市は「第一種」、水俣・富山・新潟は「第二種」と区分された。財源は全国の公害発生源企業からの拠出金である。認定要件は4疾患（慢性気管支炎・気管支ぜん息・ぜん性気管支炎・肺気腫）に罹患していることと指定地域（11月に楠町を追加）に指定年月間居住していることであり、市に設けられた認定審査会が月ごとに認定する。四日市の認定患者は1974年9月末現在で1084名あり死者は延べ104人となっている。1988年3月「公健法」は改定され「第一種」が廃止になり、四日市の公害患者は新たに「認定」を受けることがなくなった。

石原産業事件

石原産業は大阪に本社をもち、1941年に四日市事業所を建設、銅の精錬や肥料製造を主としていたが、戦後は酸化チタン製造の国内トップメーカーとなっている。今までにいくつかの「事件」を起こしているが、最近では「フェロシルト事件」がある。酸化チタン製造では大量の廃棄物「アイアンクレイ」が排出され、各地で埋め立て処分が行われているが、石原産業はこれをリサイクル製品（埋め戻し用土）「フェロシルト」として業者に販売。2004年9月これが違法であるという問題が発覚し、石原産業はこれを回収し業者に再処理を依頼して、改めて埋め立て処分が行われている。また、同時期に農薬「ホスゲン」を無届けで製造していたことも発覚している。古くは「廃硫酸たれ流し」事件を海上保安部に摘発され有罪判決を受けている。

三菱マテリアル爆発事故

第1コンビナート東端、石原産業の南東に隣接する同社は高純度シリコンを製造しているが、2014年1月爆発事故が発生し、死者5名負傷者13名という大惨事となった。事故は熱交換機の洗浄作業中に起きていて、安全対策の不十分さが指摘された。半年間操業が停止され原因究明と従業員研修が行なわれ、地元自治会への説明会が実施された後、7月より操業が再開された。同社は事故原因を「原因物質に関する知見が不足していた結果」としている。

『やまびこ学校』

１９４8年4月、山形県南村山郡山元村立山元中学校に赴任した無着成恭は、中学生の作文を集め「きかんしゃ」としてまとめた。それは生徒たちの生活をありのまま書き記した「綴り方」であった。無着の実践は3年間に及び全国に知れわたることとなった。当時は他にも生活綴り方運動が展開されていたが、彼の実践は日教組や教育学者から高い評価を受けた。１９５０年には『山びこ学校』として出版（青銅社）されベストセラーとなった。無着は山元中学に6年間勤務した後27歳で退職、東京に移り１９５６年からは明星学園に勤務した。ラジオ番組のパーソナリティーとしても人気を博した。退職後は千葉県や大分県内の寺の住職として晩年を過ごした。『山びこ学校』は角川文庫版、岩波文庫版として再版されている。

60年安保

「安保」は「日米安全保障条約」の略。１９５１年、戦後日本の安全保障のためアメリカ合衆国と結ばれたが、１９６０年の「失効」に伴い新たな条約として批准された。アメリカ軍の日本駐留を引き続き認めるものとして、現在も有効である。１９６０年の発効をめぐって国内に大規模な反対運動が起き、国会周辺をデモ行進が取り囲むなどしたが、岸内閣は強行採決で押し切った。同時に「日米地位協定」を締結することによってアメリカ軍基地の固定化が図られた。「60年安保」以降は10年毎の「自動延長」となり、今日に至っている。

三井三池闘争（総資本対総労働）

三井鉱山の三池炭鉱（九州、大牟田から荒尾にかけて）で起きた労働争議。エネルギーが石炭から石油へと転換するに伴って、経営悪化の進む経営者側が人員整理を強行。希望退職者を募ったが不足のため指名解雇に踏み切った。これに反発した労働組合が無期限ストライキに突入。１９６０年には組合の分裂や暴力団の介入などが起きた。ホッパー占拠の労働者と警官隊の衝突などの事態を回避するため、中央労働委員会（中労委）があっせん案を提示。組合員側は不利な内容ではあったが、これ以上の闘争を維持するのは困難であると判断してこれを受け入れた。この闘争はその規模の大きさから「総労働対総資本」と称せられた。

第2海軍燃料廠

戦時中、軍用燃料製造のため燃料廠が建設された。第１「大船」、第３「徳山」と並んで、四日市に第2海軍燃料廠が建設されたのは１９４１年である。大部分は現在の昭和四日市石油の場所であるが、当時ここは農漁村で多くの住民が生活をしていた。軍部は38年に住民を集め説明会を開催。「宅地、田畑の全ての譲渡と2年以内の移転」が申し渡され、移転が完了した。有償での買い上げではあったが当時の社会情勢から言えば、住民が拒否できるものではなかった。１９４５年の空襲によって壊滅し、跡地は民間に払い下げられ昭和四日市石油となり、第1コンビナートの拠点となった。

■四日市公害問題を理解するためにおすすめの図書（発行順）

1. 恐るべき公害（宮本憲一・庄司光　岩波新書　1967）
2. 原点・四日市公害10年の記録（小野英二　勁草書房　1971）
3. 四日市・死の海と闘う（田尻宗昭　岩波新書　1972）
4. 公害摘発最前線（田尻宗昭　岩波新書　1980）
5. くさい魚とぜんそくの証文（澤井余志郎　はる書房　1984）
6. 四日市公害記録写真集（編集委員会　自費出版　1992）
7. 菜の花の海辺（平野孝　法律文化社　1997）
8. 四日市市史（四日市市　2001年）
9. 四日市公害―その教訓と21世紀への課題（吉田克巳　柏書房　2002）
10. 「四日市公害」市民運動記録集（日本図書センター　2006）
11. 「公害トマレ」物語（伊藤三男　自費出版　2007）
12. 四日市学講義（朴恵淑・編　風媒社　2007）
13. 赤い土―なぜ企業犯罪は繰り返されたのか（杉本裕明　風媒社　2007）
14. 環境再生のまちづくり―四日市から考える（宮本憲一監修　ミネルヴァ書房　2008）
15. 公害・環境訴訟と弁護士の挑戦（日本弁護士会　法律文化社　2010）
16. ガリ切りの記（澤井余志郎　影書房　2012）
17. 時代を聞く―沖縄・水俣・四日市・新潟・福島（池田理知子・田中康博編　せりか書房　2012）
18. 写真集　日本列島1966―2012（樋口健二　こぶし書房　2012）
19. フクシマ・沖縄・四日市（土井淑平　編集工房朔　2013）

「語り手」プロフィール

1. **野呂　汎**（のろ・ひろし）◉1931年生まれ。四日市公害訴訟弁護団事務局長。1966年頃、東海労働弁護団（本部・名古屋市）の仲間に呼びかけて四日市へかかわり、5年の裁判闘争を経て勝訴。野呂法律事務所で現役である。
2. **岸田和矢**（きしだ・かずや）◉1935年生まれ。「四日市公害訴訟を支持する会」事務局長として、訴訟支援の組織作りに奔走。自治労・日教組が主体となって原告・弁護団を支えた。「青空バッチ」は支援の象徴だった。
3. **佐藤誠也**（さとう・せいや）◉1935年生まれ。四日市塩浜地区連合自治会長。第1コンビナートに近接する地域の代表として、企業との交渉に努める。高校社会科教員時代からの経験を生かして、地理・歴史・民俗に詳しい。
4. **谷田輝子**（たにだ・てるこ）◉1934年生まれ。1972年9月、四日市公害訴訟判決直後に、当時小学4年生だった長女を「公害病」で亡くす。現在は「四日市公害患者と家族の会」役員として「慰霊祭」開催に尽力。
5. **野田之一**（のだ・ゆきかず）◉1931年生まれ。四日市公害訴訟原告（提訴した9人の中で唯一、存命）。30歳の頃に公害ぜん息を発症しながら漁師を続け公害と闘い続ける。現在「語り部」として小学生たちに四日市公害を語り継いでいる。
6. **山本勝治**（やまもと・かつじ）◉1943年生まれ。1961年より第1コンビナートの内陸部の企業に技術者として勤務。そのかたわら反公害の市民団体でも活動。現在「語り部」として、豊富な現場経験を生かしながら活動している。
7. **澤井余志郎**（さわい・よしろう）◉1928年生まれ。戦後間もない頃の紡績工場における生活記録を礎として、四日市公害の記録を残し続ける。自ら撮影の膨大な量の写真と日誌がある。「語り部」活動は既に30年近い。
8. **今村勝昭**（いまむら・かつあき）◉1942年生まれ。公害訴訟被告企業の一つである三菱化成勤務。訴訟当時を企業人として、また塩浜地区住民として経験。退職後、塩浜地区内の自治会長として企業との折衝にも当たる。
9. **須藤康夫**（すどう・やすお）◉四日市市役所。2013年4月より環境部長として「四日市公害と環境未来館」の開館業務に携わる。
10. **吉村　功**（よしむら・いさお）◉1937年生まれ。1970年頃、澤井さんたちと『公害トマレ』を発刊し、四日市公害と戦う市民兵の会の発起人となる。当時・名古屋大学助教授、のちに東京理科大学へ移る（現在は同大学名誉教授）。専門は統計学。

「聞き手」プロフィール

1. **阪倉芳一**（さかくら・よしかず）◉1961年生まれ。四日市市立常磐西小学校教諭。「公害市民塾」に創立時から参加。当時から小学5年生を中心に四日市公害学習を実践。市民塾HPの管理人として情報発信を担う。

2．**田中敏貴**（たなか・としたか）◉1977年生まれ。四日市市立下野小学校教諭。阪倉氏と勤務校が同じだった縁で四日市公害学習を実践。その教案を『四日市公害と人権〜忘れないように〜』として刊行。教員研修の講師としても活躍中。

3．**濱口くみ**（はまぐち・くみ）◉1973年生まれ。フリーアナウンサー。2008年より四日市のケーブルTV（シー・ティー・ワイ）で「ニュースエリア便」キャスター。四日市公害についての認識を深める。

4．**谷崎仁美**（たにざき・ひとみ）◉1984年生まれ。アクティオ（株）社員として四日市市環境学習センター勤務。活動範囲は環境問題全般に広いが、地元（塩浜小中校）出身を生かして小学生に語る機会も多い。

5．**神長　唯**（かみなが・ゆい）◉1973年生まれ。四日市大学環境情報学部准教授。専門は環境社会学。8年前、磯津の公害患者への聞き取り調査に数年間にわたって従事。2013年着任以来、現在も学生への講義と併せて公害現地へのフィールドワーク等を継続している。

6．**武山浩司**（たけやま・こうじ）◉1972年生まれ。半導体工場勤務の傍ら自然観察指導員として活動。環境学習センターの「解説ボランティア養成講座」にも参加し、四日市公害への関心を深める。趣味は山登りである。

7．**片岡千佳**（かたおか・ちか）◉1965年生まれ。津市立明合小学校教諭。四日市出身でもあり数年前から小学校で四日市公害学習の実践を始める。市民塾「語り部トリオ」と児童との交流を毎年行っている。

藤本洋美（ふじもと・ひろみ）◉1972年生まれ。現在は三重県総合教育センター勤務だが、教諭時代には同じ社会科研究会の片岡さんと四日市公害学習に取り組む。その縁で今回はペアを組んでの参加。

8．**深井小百合**（ふかい・さゆり）◉1986年生まれ。三重テレビ勤務。入社後まもなく四日市市政を担当していた時に四日市公害を取材。2013年ドキュメンタリー『ツナガル〜それぞれが越えた40年の先に〜』を制作。富山や新潟の他、海外（中国・広州）で取材。

9．**瀬古朋可**（せこ・ともか）◉1978年生まれ。シー・ティー・ワイ勤務。2012年同局の特番として四日市公害を特集。『生きる』3部作は2013年「地方の時代」映像祭ケーブルテレビ部門優秀賞に入賞。取材・撮影・編集など担当は幅広い。

10．**榊枝正史**（さかきえだ・まさふみ）◉1985年生まれ。東産業勤務。社内の業務と結びつけながら環境問題に取り組む。2009年に数人の仲間とともに『なたね通信』を発行。四日市公害についても様々な機会に解説を続けている。

あとがき

四日市再生「公害市民塾」
伊藤　三男

２０１４年冬から夏へ、季節は三たび移り変わり「四日市公害を忘れないために」市民塾・土曜講座は10回の幕を閉じた。「語り手」対「聞き手」という組み合わせに新鮮さを感じてもらえたのか、それ以上に各回のテーマへの関心が高かったのか、いずれも参加者は数十名を越えていた。主催者として感銘深い時間を共有することができた。

「四日市公害を忘れないために」というフレーズは特に目新しいものではないが、時間とともに「風化」の試練にさらされる四日市公害問題を、いかにすれば人々の記憶に刻むことができるのかという課題に対しては、最もふさわしいテーマだと思う。さらに「四大公害（訴訟）」と称されているように、水俣・新潟・富山と多くの場合並列して比較されるのだが、四日市が独自に持っている歴史を軸にした掘り下げは決して十分とは言えない。「裁判」が主軸であることに間違いはないが、果たしてそこに限定していいのか。

音楽の世界に「クロスオーバー」というのがあるように、四日市公害にもそうした多面的な展開が必要ではないのか。タテの流れとしての歴史をヨコに広がる地域と絡み合わせながらみつめなおしてみる。一面的な見方に頼りすぎず、さらには時代を限定せずに考えるとすれば、基本的には様々な年代と職種の人々の参加が不可欠となる。時あたかも。四日市市が公害資料館というべき「四日市公害と環境未来館」を開設するという、その期日が間近に迫っている。にもかかわらず、市民の関心が盛り上がっているとは言えない状況が取り巻いている。

四日市再生「公害市民塾」は１９９７年7月、四日市公害訴訟判決25周年の年に立ち上げた市民団体である。実質のメンバーは十指に満たないが、四日市公害資料の保存・整理や「語り部」としての公害学習等を行っている。歴史は17年ほどだがそれ以前、四日市公害訴訟のまっただ中の時代に「四日市公害と戦う市民兵の会」として活動していたメンバーが主体になっているから、40~50年もの長きにわたって四日市公害と向き合って来ている。公害資料館についても現在の田中市長誕生以前の時代から要望を続けてきた。

今回の土曜講座はこのような経過と現状を踏まえた上でスタートした。「風化」させないためにはどうすればいいのか。市民の関心を呼び起こすにはどうしたらいいのか。知恵を絞った末に出てきたのが連続講座である。それ自体はさほど珍しくもないが、構成に一工夫を加えてみた。まずは当時を知る経験者に語ってもらうこと、そしてそこには経験の少ない若手を配置して聞き取っていくこと、さらに第三者的な参加者の質疑を絡ませることによって議論を深めていくこと、というかなりぜいたくでハードな企画にたどり着いた。

かいつまんで経過を振り返れば、昨年（２０１３年）8月の市民塾例会での話し合いが出発だった。まずは「聞き手」を10人。ここ数年の間に培った人間関係を駆使して承諾を得たのが9月。そして10月に入って「語り手」として10人の方に依頼。半数がほぼ身内のような人だから概ね二つ返事で引き受けていただくことができた。細かいやりとりは省略するがそれぞれに異なった体験と個性の持ち主で、実に多彩な「講師」陣の構成となったのである。本編とともに「プロフィール」紹介もぜひお読みいただきたい。年齢と職種が多岐にわたっているのが今回の企画の何よりの特色である。

11月には具体的に講座編成。それぞれのスケジュール（特に「聞き手」10人はすべて現役の仕事を持っている）を調整しながら日程と組み合わせを決定。これがけっこう手間取ったのだが、結果的にはほぼベストの組み合わせが出来上がったと思っている。12月は宣伝期間としてマスコミ対策。記者会見もセットして協力依頼。会場は四日市市環境学習センターの研修室を、環境関連講座ということで借りることが可能となった。

問題はどれだけの参加者を獲得できるかだったが、「受講票」を発行するなどリピーターの確保に努めた。さいわい地元のケーブルテレビが協力をしてくれて、毎回収録し定時ニュースでも流してもらった。新聞記事も各紙交代のようにして紙面に掲載され、予告の効果も発揮してくれた。お陰で10回を通して満席状態となり、TVカメラの列と重なって、随分と活気ある講座が続いた。「受講票」は100枚以上発行したから、少なくともそれだけの人たちが1回以上参加してくれたわけであるし、9回以上の参加者が20名（その中で4名が皆勤）もみえたのは、主催者として頭の下がる思いだった。

10回の講座の中身については「まえがき」で、池田理知子さんが簡潔にまとめてくれたので重複を避けるが、それぞれに思いのこもったいいお話だったと思う。個人的に言えば事前に関心が深かったのは「磯津二次訴訟」と「塩浜」のことである。前者については野呂汎さんと吉村功さんのお話の中で触れられている。特に野呂さんからは二次訴訟が実現しなかった理由が、公害訴訟を支えた「公衆衛生学教室のリーダー」の判断に依るところが大きかったとの指摘があった。その「リーダー」が勝訴の最大の功労者であっただけに、複雑な思いも湧いてくるのではあるが。また、吉村さんは「訴訟」そのものより「発生源撤去」の運動を重視していたというのだが、残念ながらそれは「市民兵の会」の存在も含めて、市民権を得るのは容易なことではなかった。それは私自身が痛感した事実でもある。

塩浜からはお二人に来ていただいた。佐藤誠也さんは「地域」の視点で、今村勝昭さんには「企業人」としての視点でそれぞれ語っていただいたが、両方を組み合わせてみると四日市公害問題の深淵を改めて考えさせられることとなった。判決以前も含めての40年以上、「反公害」の側からはほとんど迫ることのできなかった内実が、公の場で明らかにされたわけで大きな意義をもたらしていただいたと思っている。

さて、10回の講座を終えて今後の取り組みが重要な課題となっている。とりあえず講座は成功裏に終わった。そしてこの「報告集」も大部なものとして刊行ができる運びとなった。ではこの書をいかに有効に、「四日市公害を忘れないため」の材料として活用していくのか。そこにこそ大きなポイントがあると思っている。まずは多くの人々に読んでもらわなければならないが、読者による学習会の広がりも期待したいものである。「きく・しる・つなぐ」と冠したサブテーマは、何よりも「つなぐ」ことがなければ、全体としての意味をなさないということでもある。

現在、四日市市による「解説者・語り部」の養成講座が開催されているが、質量ともにまだまだ不十分である。公害資料館利用者の問いかけにどこまで答えることができるのか。責任ある対応が迫られてくるのだから、しっかりとした学習が必要になる。口頭で話すことの何倍もの知識も必要となるし、何よりも四日市公害に対していかほどの「思い入れ」があるのか、今はまだ熟成されているとはいえないだろう。そうした意味でも今回の土曜講座と報告集は貴重な教材であり資料となる、との自負はある。ぜひ各方面での活用をお願いしたいと思う。諸般の事情を鑑みれば、これほどのメンバーを揃えるのは今後不可能である。歴史的にも貴重な資料たり得るだろう。

今回の土曜講座は「語り手」と「聞き手」の皆さん方との協働なしでは成立しなかった。感謝の気持ちでいっぱいである。とりわけ、平均年齢38歳という「聞き手」は51歳から27歳という幅があったが、それぞれに「四日市公害」に対する思いを込めながら参加をいただいた。読み返してみるといずれも対話の展開に工夫を凝らし、見事な流れを作り出していることに感銘を受ける。お礼を申し上げるとともに、この経験を生かして今後の人生を果敢に進んで行っていただきたいと願っている。

本書は各講座ごとに約2時間分のテープ起こしを行い、さらに内容を整理して文章にまとめ直したものである。基本的には話し言葉を軸にしているが、部分的な修正は若干試みている。全10回の読み方は特に順番を気にしていただく必要はなく、それぞれに読み応えのある内容になっている。各ページに挿入した往時の写真は澤井余志郎さん撮影のものがほとんどであり、全容はビデオ録画のうえＤＶＤとして収録している。

「まえがき」をお願いした池田理知子さんには快くお引き受けいただき、飲み会を交えながら忌憚のないアドバイスも頂戴した。また、校正など細部にわたって助言をいただいた吉村功さんをはじめ、今回の企画に参加をいただいたすべての方々や、出版を引き受けていただいた風媒社に厚く御礼を申し上げたい。

最後に、「四日市市環境学習センター」が「四日市公害と環境未来館」開設に伴って閉鎖となる。今回の講座の運営を初め職員の皆さんには一方ならぬお世話になった。謝意を表して結びとさせていただく。

２０１４年12月記

装幀◎竹内　進（b flat）

きく・しる・つなぐ　四日市公害を語り継ぐ

2015年3月11日　第1刷発行

（定価はカバーに表示してあります）

編　者　　伊藤　三男

発　行　　四日市再生「公害市民塾」

発　売　　風媒社

名古屋市中区上前津2-9-14　久野ビル

振替 00880-5-5616　電話 052-331-0008

http://www.fubaisha.com/

＊印刷・製本／シナノパブリッシングプレス

乱丁本・落丁本はお取り替えいたします。

ISBN978-4-8331-1111-9